U0910618

你走过的弯路，都会变成彩虹

毛毛虫小姐 著

天津出版传媒集团
天津人民出版社

图书在版编目（CIP）数据

你走过的弯路，都会变成彩虹 / 毛毛虫小姐著. --
天津：天津人民出版社，2020.5
ISBN 978-7-201-15922-5

Ⅰ. ①你… Ⅱ. ①毛… Ⅲ. ①成功心理—通俗读物
Ⅳ. ①B848.4-49

中国版本图书馆CIP数据核字（2020）第066049号

你走过的弯路，都会变成彩虹
NI ZOUGUO DE WANLU，DOUHUI BIANCHENG CAIHONG

出　　版　天津人民出版社
出 版 人　刘　庆
地　　址　天津市和平区西康路35号康岳大厦
邮政编码　300051
邮购电话　（022）23332469
网　　址　http://www.tjrmcbs.com
电子邮箱　reader@tjrmcbs.com

责任编辑　陈　烨
出版策划　春风化雨
策划编辑　屋里安
装帧设计　末末美书

制版印刷　北京柯蓝博泰印务有限公司
经　　销　新华书店
开　　本　880毫米×1230毫米　1/32
印　　张　8.5
字　　数　220千字
版次印次　2020年5月第1版　2020年5月第1次印刷
定　　价　39.80元

目　录
contents

Part1　你必须特别努力，方能得一丝幸运

Part2 人生实苦，你也不能认输

Part3 把每一天活成自己的良辰

Part5　生活中的仪式感

Part1

你必须特别努力，方能得一丝幸运

只要努力跑下去，不遗憾你离开

如果你看到前面有阴影，别怕，那是因为你的背后有光。

01 >>>>

小艾在朋友圈里晒出一张跑马拉松的照片，配文是：二十公里，酣畅淋漓。

看到这条消息的刹那间，我真心觉得她很厉害，我一直在脑海里回想，能够坚持跑完二十公里，作为一个非职业跑步的普通人，得有多强大的毅力。

之前的小艾其实是一个“赖床晚期患者”，方圆百里有张床，除了睡觉，她什么事情都做不了。

她的日常生活就是躺在床上刷微博、追剧，犯困了就睡一觉，饿了就点外卖，没有重要的事情根本懒得动。

打破小艾生活规律的事情很平常——有一次小艾和朋友逛街，路过一家衣服店，橱窗里陈列的衣服精致漂亮，一下子就吸引了她的注意力，她站在路边看傻了眼，脑海里开始浮现自己穿上那些衣服的画面，正当她想得出神的时候，朋友推了推她，半开玩笑地跟她说：“你是个只能穿大码的姑娘，那些漂亮的衣服你穿不上。”那一瞬间，小艾就像被电击了一样，从头冷到脚。她看着橱窗里倒映出的自己，想起同事们明里暗里的嘲笑，听着朋友似有若无的玩笑，下定决心要开始改变自己。

这些年，运动已经成为全民关注的热潮。一半为了自己的健康，一半为了朋友圈里的打卡，许多人开始纷纷晒起了健身的照片。有上班前健身打卡的，有下班后健身打卡的，也有周末在健身房锻炼打卡的。

看到这些人晒出自己锻炼的照片时，无论他们是否真的坚持行动了，我都会从心里敬佩这群人。佩服他们能够在忙碌的生活中抽点儿时间给自己，哪怕只是在健身房的器材上走上几步，与那些下班后完全丧失自律的人对比也已经有了很大的差距。

日复一日里，人和人的差别就会越来越大，直到某天你会发现，别人与你已经有了天壤之别，对方已经过上了截然不同的人生，而你还在原地踏步。

02 >>>>

你想过以后要过上什么样的生活吗？

你想过自己的人生究竟要实现什么样的意义吗？

有人希望能够以梦为马，成为作家、导演、摄影师；有人希望能够富甲一方，有一家属于自己的公司，创造一个属于自己的团队，取得不错的成绩；有人希望能够平平淡淡，照顾好家庭和身边的朋友。

无论是大梦还是小梦，每一个人都有梦想，是梦想让我们面对生活不疲乏，依然前进。

我遇到过一位全职太太，她的日常工作就是照顾家庭。“家庭主妇”这份工作其实是最让人佩服的一份工作，不仅要照顾好大人小孩，还要应付一堆琐碎的事情，更要处理错综复杂不亚于办公室人际关系的亲戚关系。

说实话，“家庭主妇”是一份最难胜任的工作。可她不仅是一位家庭主妇，她还是一位优秀的日更作者。她写的文章还曾登上过《人民日报》，受到了广大读者的青睐。

她说也有读者给她留言，说她一个家庭主妇不好好带孩子，整天写这个写那个，不务正业。

尽管如此，她依然坚持过自己的日子，她在自己的文章里面写："对于瞧不起家庭主妇的人，我才不会和他们去争辩。因为，还有一屋子的书等着我去看，无数的故事等着我去写，许多值得花费时间的事情等着我去做。"

说得真好，还有太多有意义的事情等着我们去做，没必要为了别人的一己之见耽搁自己的行程。

一个人的努力、坚持，或者认真地对待人、事和生活，并不是为了向谁证明自己有多么优秀，而是为了成为自己满意的那个人，实现自己想要实现的价值。

03 >>>>

朋友辞职后，周围所有人都在给他介绍工作，然而他一个人默默买好去成都的动车票，然后从成都骑车出发去西藏。

我在朋友圈里感叹他的草率，也查阅了地图，地图上显示从成都到西藏有一千多公里的路程，然后我在微信上给他留言，我说：“吃不消了就早点儿回来，别把钱花光了，回来还要生活。”

他的回答让我很动容，他说：“安稳的生活，即使每一天再努力，看到的风景也是相同的。”他说，他从来不知道自己对生活的热忱在哪里，自己的极限在哪里，这次他要去挑战自己的极限。

于是在接下来的每一天里，我都能在朋友圈里刷到他的动态，看到他一路上骑行看过了多少风景，路过了多少村庄，看到了多少陌生的面庞，听过了多少种不熟悉的方言，然后一步步走向未知的前方。

他努力开拓着自己生命的宽度，全身心地感受着这个多彩的世界。一路上，他遭遇过被人坑蒙拐骗的事，也经历了被别人帮助的感动。

他说，正是这些不曾经历过的事才更加丰盈了他的人生。

我问他：“路上最难忘的一件事情是什么？”

他说：“自行车在夜里坏掉了，却还没有找到住的地方，感觉十分绝望。”

我问他：“那该怎么办？”

他说：“继续走下去，走到天亮，看到朝阳，就没有那么难过了。”

我问他为什么不停下来休息一下，他说停下来就跑不动了，人一旦放弃，就只会后退，更何况跑下去天自己会亮，这和在原地等天亮不一样，前者让你充满希望，后者让人绝望。

跑下去，天自己会亮。

你所有的努力，
都有迹可循

01 >>>>

你或许还不明白，努力奋斗是为了自己。

思思在朋友圈里感慨：真快，毕业一年，自己仍在原地踏步，面对一群即将涌入社会的优秀人才，内心十分惶恐。

评论区里有不少留言，基本都是鼓励，这一次，思思没有像以往那样和大家热烈互动，她一条都没有回复，这让底下的一群人显得很尴尬。

再次看到思思的消息，是大半个月以后，她换掉了甜美可爱的头像。我忍不住点进她的朋友圈，才发现她不仅换了头像，还删去了历史消息，把签名改成了“从头努力，这次我是认真的”。

我认为她一定是碰到了过不去的大事，才会把朋友圈里以往的痕迹删得一干二净。

我问她：“你真的舍得删掉那些努力付出的经历?”

思思一脸认真地告诉我：“曾经那些看似努力的经历，只不过想获得更多肯定与支持。曾经以为那些点赞和评论就是对我努力的认同，但其实，有没有真的努力，自己心里最清楚。你可以骗自己一阵子，但是骗不了自己一辈子。”

每一个人都想寻找认同感，我们用一种积极向上的方式，在可控的范围内把自己的努力放大，得到一定的自我满足。但很少有人从一开始就明白，真正的努力就像爱，止于唇间掩于岁月，内心丰腴目标明确。

真正努力的人往往有一股执拗的韧劲，在生活的道路上攀爬，面上却是云淡风轻。

如果有一天，你对生活开始变得无能为力，那一定是你当初不够努力，或者你的努力是放错了地方的白费力气。

一个人对待努力真正的态度，是脚踏实地。

02 >>>>

努力把控过程和细节，它们决定目标的实现。

如果你清晨六点想要喝上一碗熬得刚刚好的粥，那么隔天夜里就要把米泡好，早上五点要下锅，中途需要开锅搅拌一次，留意水多了还是少了。一切拿捏得刚刚好，你才能在六点悠闲地坐下来吃早饭。

真正有用的努力是把控好过程和细节，过程和细节都做到了一百分，结果就算打八折，也是良好。

从小到大，老师和父母都会教育我们，要学会给自己定大目标，再把大目标分解成小目标，各个击破；步入社会后，领导要求事事立计划、定目标，每个细节都要把控好，才能得到想要的结果。

无论是学习还是工作，成功的经验不断告诉我们：努力在于把控过程和细节，过程和细节决定目标的实现。

我的领导是公司公认活得努力又精致的女强人。有一次，我因为有事比平时早到办公室半个小时，发现她已经在办公室悠然吃早餐。

我说：“晴姐，这么早啊。”

她笑着回答：“嗯，已经习惯了。”

后来我才知道，她每天都坚持早到一小时，风雨不变。她说，一个人坐在办公室里，处理一些隔夜来不及处理的报表和文件，效率是平时的几倍。

我打心底佩服她异于常人的毅力，更佩服她总是能把努力落在实处，把细节打理得井井有条。

印象最深的是我第一次向她汇报工作。她指着项目跟我说，每一个指标都要写具体的完成时间，如何保证工作成果，公司又如何考核等等。我们不仅仅要对结果负责，还要努力把过程和细节做好。

在她的带领下，我渐渐体会到，优秀的人永远都知道下一步要做什么，怎么做，需要投入多少精力。我看到了一个努力的人该有的样子，一个努力的人真正努力的方式。

每个人都需要鞭策，因为人都有惰性，但能鞭策你的只有你自己。

03 >>>>

明白努力的正确打开方式后，你还要学会坚持。所有的事情都有一个从量变到质变积累的过程，不可能一蹴而就。

二十一天可以养成一个习惯，坚持努力也是习惯。

“如果我当初坚持下去，那么结果是不是不一样”，这句话听起来十分遗憾。如果你当初坚持下去，现在一定不一样。不一定有多好，但是那种为了生活向上的精神，会让你充满力量。

我有一个朋友，工作性质决定了她需要长期在外出差。看着她凌晨在异地打卡结束一天的工作，看着她向全世界喊出“我会是最棒的姑娘”，我就知道，她的人生一定不会太差。

有人说，人一旦知道为了什么而活，就能够承受任何一种活法。

你在满是泥泞的小路上胆战心惊地跨出了第一步，污泥染黑了你的鞋带，你一只脚深陷在坑里险些拔不出来。你吃力地又跨出了一步，一步又一步，摇摇晃晃又坚定无比。

最后无论是山是海，你都可以走得稳定而坦然，因为你已经度过最难熬的时段。

人在做每一件事时都带着目的，每一分付出都渴望能开花结果。也因这样的目的，我们对坚持努力有了后顾之忧。

我们常想：努力过后究竟能不能换来好结果？一旦你有这样的衡量，你必定不能走远，太计较收获就成了你的牵绊。

人生的路，一步都不能少，你有多努力多拼命，自己心里最清楚。如果你还不能体会，那也没有关系，生活会让你在无数次跌倒中明白，你所有或潦草或努力走过的路，其实都有迹可循。

还好，时光尚早。

努力，总有出路。

你现在这么努力，
是为了有朝一日“有得选”

01 >>>>

刚进社会时，总觉得人与人之间的社交靠的是联络感情。只要你有诚意，别人就一定愿意跟你做朋友。

随着年龄上升，才慢慢发现真诚不过是人与人交往的基础条件，决定优质社交的因素是实力。

如果你不具备某些方面的能力，那么就算你认识再厉害的人，就算机会就在你眼前，你也只能眼睁睁看着它溜走，你是没得选的。

你只有努力提升自己的实力，才不会变成一个对他人而言可有可无的人。

这个世界有时候就是这样，社交一直都是建立在自身价值之上的，并不是说人性势利，只是社交的本质就是同等价值的交换共享。

我看过这样一个故事：

小陶工作之余报了一个国际英语班，培训班的学费非常高昂，因为家庭条件一般，她动用了自己所有的积蓄，向朋友东拼西借，才凑够了一年的学费。

她说："培训班针对的都是一些要出国进修的企业老板和业界精英，其实学不学东西都是其次的，最重要的是可以多认识一些人，没准还可以借此换个好工作。"

后来，她一脸无奈地吐槽说："几乎融入不了班里那些人，他们谈论的股票、汇率、MBA之类的，我都几乎插不进什么话，很多次聊天因为我接不住话，气氛都变得很尴尬。"

真的，如果自己本身不优秀，那你再有诚意、认识再多优秀的人好像都没有用。

李尚龙说过的一段话我很喜欢："如果你自己不强大，那些社交其实没有什么用，只有等价的交换，才能得到合理的帮助。"

所以，在你还没有足够强大、足够优秀的时候，先别花太多时间去社交，与其试图勉强融进不属于你的人群，不如先花点儿时间提升一下专业技能。

把仰望变成平视，把优秀变成更优秀。让自己能够有底气地生活，不攀附、不依赖，才能从容地选择自己想要的生活。

你只有努力，才能掌握命运。

02 >>>>

每一个“差生”的学生生涯都是惨淡的，丹子也不例外。

丹子虽然是倒数前五名，但是在她的潜意识里，这没什么大不了的，她依然我行我素，上课依旧打着瞌睡，抽屉的小说也每周更新。

丹子说：“原本我以为我可以‘潇洒’地过完整个高中，但是后来，我妈妈让我明白‘混吃等死’的日子是要付出代价的。

“她把我带到了一个酒店，然后告诉我说，体验一下吧。

“一开始我并不相信，我认为那种不用费脑子的生活其实挺享受的。

“那位我妈认识的朋友，给我安排了一份还算简单的工作：把洗干净的毛巾叠整齐。

“就这样，我一整个暑假都在叠毛巾。从早到晚，就算叠到手指都酸了，仍然会有源源不断的毛巾被送过来。

“在那一刻，我突然意识到，这真的不是我想要的生活。

“暑假结束，当我再次坐到教室里的时候，我就开始拼命念书，拼命念。高三结束时，我的分数让我有了很大的选择余地。

“这么多年，当我想要停一停，偷偷懒的时候，我总会想起那年的暑假。正因为有了这么多年努力的累积，才有了我现在对生活从容的选择。”

嗯，努力真的挺好的。

也许每一个“差生”的生命里，都会有：哎，戴眼镜的，坐在后面的那位同学，就是你，请你起来回答一下这个问题。

于是，你不知所云更不知所措，尴尬地站在那里摇摇头，老师看着你也无奈地摇摇头，叫你坐下认真听课。

因为“差生”的定义，原本聪明的你学会了自我否定。

你也许会想：回答问题是优等生的事情，与“差生”无缘。但是，生活不会分辨优劣，生活给你的每一题都是必答题，你没得选，也跑不掉。

仔细算算，你的生活能得几分？

03 >>>>

杯子小姐有一句名言：因为不能天生丽质，所以只能天生励志。

谈起感情，杯子小姐说，虽然想起来还有一点点的遗憾，但是因为他，自己努力变美，变优秀，变得出众，从对感情“没得选”到了后来的可以好好“挑一挑”。

她说，这个男孩子各方面都很优秀。一米八的个子，长得挺拔清秀，在校外联里担任学生会长一职，活得风生水起，是众多女同胞眼里的“高富帅”，老师眼中的“好学生”。因为篮球打得好，他被称为运动男孩。

想起当时的自己却是一个不起眼的丑小鸭，那张大众脸丢在人群里，一点儿辨识度都没有。

她说，大学里各种社团招生。她报了三个社团，还是比较冷门的那种，结果因为颜值问题最终都落选了，那种打击在最初是很致命的。

在这个什么都看颜值的时代，“丑女”的出路就是让自己变漂亮，当然这种漂亮不仅是外在的，还要延伸至内涵。

因为一次偶然的机会，杯子小姐遇到了爱运动的阳光男孩，心动了。

有些人自打出生起，就自带光芒，这个男孩就是。他的出场永远都伴随着鲜花和掌声，他永远都被人前后簇拥着。

杯子小姐被他耀眼的光芒吸引了，但同时杯子小姐也很自卑。她深知与围绕在男孩身边的女孩相比，自己是“丑”的，是灰黑色的，是引不起任何波澜的。

为了能够吸引他，杯子小姐开始运动，每天早起跑步，从不间断；睡前敷面膜，给自己报了化妆课，学习化妆技巧；与此同时，她还开始阅读书籍，丰富内心。

渐渐地，杯子小姐发现自己的周围也多出了“我请你吃饭吧”“我约你一起运动吧”“我们一起去图书馆吧”的男孩子。

而最初，杯子小姐努力改变自己是想成为与男孩比肩的女孩子。

“当我自己变得美丽优秀有内涵，我突然发现能不能与他在一起已经不重要了，他不再是我唯一的选择，却仍然是那个让我最感激的人，是他给了我很多选择。

“如今，我依然坚持阅读，坚持健身，除此以外我还努力工作，我的状态就是哪怕岁数大了，也不会被父母逼着结婚，被他人挑三拣四，这就是努力换来的底气。”

有的姑娘努力，就是为了有一天可以和心爱的人站在同一个高度，与他肩并肩，转头看着他，能够在心里勾画出他的模样。

努力的目标就是为了有一天“有得选”，有底气坚持做自己，等待对的人，嫁给爱情。

有一句很老套的话：努力不一定有用，但不努力一定没有用。

我希望有一天，你想换个方向时，身后还有其他路可以从容选择。

人为什么要努力？
这是我听过最好的答案

马丁·路德·金在他的自传里说过这样一段话：

人生最痛苦的事，莫过于不断努力但梦想永远无法实现，而我们的人生正是如此。

令人欣慰的是，我听见时间长廊另一端有个声音说："也许今天无法实现，明天也不能。重要的是，它在你心里。重要的是，你一直在努力。"

01 >>>>

前途风景正好，追风赶月莫停留。

朋友圈里有一位年龄稍长的姐姐，一个人带着两个孩子，经营着一家花店。

她每天把孩子送去学校，然后回花店卖花，傍晚再去接孩子回家，煮饭烧菜，给孩子辅导功课，日子过得很艰辛，也很快乐。

她喜欢写作，给自己报了写作班，在班集体里当班长，虽然是一份兼职，但是她做得格外认真，学员中有掉队的她会喊对方追上，表现出色的她会给予表扬。

她也喜欢跑马拉松，十几千米地跑，迈开步子，让她觉得人生很有希望。

她也喜欢带着孩子一起跑步，她说："人生就是一场马拉松啊，赢在起跑线并不代表就能赢在终点，让孩子早点儿体验是好事。"

如今她经历的那些艰难，早已融入了她的骨骼，变成了一滴滴的汗水，排出了体外，而她本身的筋骨，已经变得耐摔耐打，刚劲万分。

很多时候我们都会问自己，为什么要那么拼命，懒懒散散地过，不也是生活吗?

可只要想到这个世界那么大，风景那么漂亮，有趣的人那么多，生命那么美妙，你就会不甘心。

这就是你努力的意义。

向上的路，其实并不拥挤。拥挤是因为，大部分人都选择了安逸。

02 >>>>

同事在办公室里高兴地给父母打电话：“爸，给您和妈订了三月去北京的机票，旅馆也已经订好了，信息我发您手机上……”

我忽然想起自己的爸妈，前几年他俩还计划着去爬山、看海、吃美食，活像一对没有玩够的孩子。

可是这几年，已经听不到他们想要出门的声音了。

每次打电话回家，他们只问我过得好不好，我突然很惭愧，不仅没能给他们一个更好的生活，反而让他们一直为我担心。

离家之后才知道恋家，养儿之后才知父母之恩。

我其实特别想要成为他们的骄傲，让他们生活得更好一些。

我要他们不用再担心我漂泊的境遇，我要他们可以从容地买自己喜欢的东西，去自己想去的地方，我更想要他们健康幸福。

这大概就是我努力的意义。

我们都曾有踮起脚走路的日子，天还没亮就出门，将就着吃饭，每天熬夜加班，甚至休息日都不敢睡懒觉，拼了命想要成功。

那些看似黑暗漫长的苦痛，其实都像一颗一颗闪亮的星，点缀着你我的人生，说不清走到哪里就有一颗星照亮了你之后的路。

03 >>>>

再长的路，一步步也能走完。再短的路，不迈开双脚也无法到达。

北极燕鸥是一种轻盈的海鸟，又名白昼鸟。它们拥有独特的生活习惯——喜欢生活在太阳不落的地方。北极燕鸥的体型中等，却是世界上飞得最远的鸟，迁徙全部行程长达四万多千米。它们每年在南极和北极之间来回迁徙，也是已知的动物中迁徙路线最长的。

当北半球是夏季的时候，北极燕鸥在北极圈内繁衍后代。而当夏季过去，北极的黑夜降临时，燕鸥就开始向南极飞行。

它们越过赤道，来到南极，享受南半球的夏季，直到南半球的冬季来临，它们再次北飞，回到北极，这份毅力着实让人钦佩。

而我和它们一样，也在努力寻找生命的意义。

只要想到人生那么长，外面的世界那么精彩，我就想去看看，做一回在天空自由自在翱翔的鸟。

我的努力是想去体验一个更大的世界，我只是不想这么早就停下我追求生命意义的脚步。

每一段前进的路都是一段上坡路，走得难一些，收获才更加可贵。

我永远不会忘记，自己拼命努力的样子。

我也喜欢这样努力的自己，哪怕这些努力并不一定就能换来什么。

04 >>>>

而你，会不会也正在这么努力地生活着？

会不会也在冬天的冷风里赶路？在地铁的那阵短暂停留中闭眼休息？在楼下的快餐厅买一份速食解决晚饭？在

深夜里依旧不敢疲惫，努力守护着心中那抹光亮？

你见过深夜里醉酒哭泣的姑娘，你听过清晨扫帚扫起落叶的声音。

你说走慢一点儿也可以，不那么紧张也行，但你只是说说而已，你还是咬紧牙关，努力生活着。

努力的意义到底是什么？

努力是我会把我一生几万天的生活过得丰富而独特，而不是把一天重复了几万次。

我会以不容置疑的身份站在我爱的人身边，不论他富甲一方还是一无所有，我能给他一个坚定的怀抱。他富有，我不高攀；他落魄，我能给他温暖。

而这，大概就是我们努力的意义吧。

努力之后最坏的结果是失败，但不尝试的结果是无止境的懊悔、怀疑和平庸。

就像海子诗中说的那样：要有最朴素的生活和最遥远的梦想，即使明天天寒地冻，山高水远，路远马亡。

让我们努力用自己喜欢的方式，去度过完整的生命。

你永远不知道，
那些比你还困难的人在怎样努力

迟子建说：“出了这个门，有人遭遇风雪，有人逢着彩虹；有人看见虎狼，有人逢着羔羊；有人在春天里发抖，有人在冬天里歌唱。浮沉烟云，总归幻象。悲苦是蜜，全凭心酿。”

01 >>>>

周末，许久不见的朋友约看电影，偌大的电影院里，就只有我们。问起她的近况，她摇摇头说：“不是很好，但再不好过，也总会过去的。”

问起具体事情，她告诉我说，近期的这份工作受到老板的百般刁难，做得颇为心累。我建议她换一份轻松的工作，这样就可以不用那么辛苦了。

她一脸认真地盯着大屏幕，影片中的主角正在和黑暗势力战斗，她指着屏幕说："或许每一个人都想活成电影当中的英雄，打败终极大反派，主宰自己的命运。"

这个姑娘，每次见她都让我如沐春风。无论什么处境下，她总能报生活以微笑，即使生活给了她苦痛，她也甘之如饴。

趁着影片的空当，我问她受伤膝盖的状况。她站起来努力跳了两下，用行动告诉我，已经可以蹦蹦跳跳了。

想起半年前的她，因一场车祸，膝盖骨严重受损。医生告诉她，会影响正常走路。听完命运对她的宣判，她抹着眼泪说自己一定积极复健。

她说："我始终相信命运对每一个人都是公平的，取经路上都有九九八十一关，关关险恶。何况人生路上，跌跌撞撞在所难免。我一定全力以赴，达到终点。"

于是，在可以下床后的每一天里，朋友圈里都是她积极复健的身影。从病房到走廊，从走廊到花园，一步一步，竭尽全力。

她在朋友圈里发自拍，配文告诉大家："我目前心态平和，正在配合医生治疗，无须担心”。

事后，我看着这个像钢铁一样的姑娘，总是忍不住打趣她：“如果换作别人，早已抱怨命运，哪还有心情思考未来。”

她沉默了一会儿，然后告诉我说：“生活不可能永远一帆风顺，但是你必须坚持乐观、努力。其实，全力以赴才是面对生活和苦难该有的样子。”

02 >>>>

有一次打车回家。上车报了目的地之后，我就一直低头看手机。很久以后，才发现，出租车司机载着我驶入了一条因为修路而封了一年多的长街，而这条街根本走不出去，只有倒回上车地重新出发。

很明显，他迷路了。

他怯生生地问我：“你知不知道接下来该怎么走？”

原本想发火的我，话到嘴边，注意到这个年纪比我还要小的男孩子，放在方向盘上的双手因为紧张而不受控制地抖动着。

我的心一下子软了下来，我指挥他倒车，重新出发。

那天，原本十几分钟的车程，却花了两倍的时间。

一路上，我听到最多的话就是“对不起”。临下车，这个年轻的出租车司机告诉我，这是他第一天上班，而这一整天特别特别难熬。

人生的每一个节点，迈出的每一步都需要莫大的勇气。你渴望生活能善待于你，但其实生活不会照料你，你只有加倍努力，才能把生活照料得当。

这让我想起之前遇到的另一个出租车司机，他接我单子已经接近晚上十一点。看得出，那天的他心情很不错，后座放了一个包装漂亮的蛋糕盒，他说今天儿子生日，接完这一单就回家。

我问他为什么不早点儿下班。他无奈地说：“想多赚点儿钱，养家糊口不容易。按照正常情况，我每天早上六点出车，晚上一两点才收车呢。但今天不能那么晚，今天要给孩子过生日，他们还在等我回去呢。”

下车的时候，我在想，他们一家人其乐融融地聚在一起给孩子唱生日歌的场景，多么温馨。想必那一刻，生活无论是什么现状，都是幸福的模样。

想要让生活变得更幸福的决心，大概就是我们用以挣脱苦难的原动力。因为生活原本就是一个苦尽甘来的过程。

03 >>>>

常去的那家彩妆店换了导购，姑娘看起来年纪并不大，穿着高跟鞋盘着头发，水灵灵的脸看起来稚嫩又专业。

她耐心地向我介绍产品，被她的热情感染，我做了几款产品的试用体验。她的动作很轻柔，手法却很专业，每一步都讲解得非常到位。

在等待的时间里，聊起工作和生活。她说自己来自北方，离开家的时候还小，也没有受过高等教育，出来做事很不顺利。

我原本想安慰她两句，但紧接着她又说："那时候不懂事，做了后悔的选择，既然选择了，就要好好地生活。"

"想过在这里安家落户吗?"

"当然想过，只不过现在积蓄还远远不够。但是我不怕吃苦，一个不怕吃苦的人，一定可以熬出头的。"

我突然敬佩起这个姑娘来，尽管她没有显赫的家庭背景，没有令人骄傲的学历。但是她有态度，她的态度就是生活的样子。

不否定自己，对生活努力，虽然身处底层，仍然仰望高处，始终相信自己可以办到。

在这个世界上，有人因为没买到限量款而沮丧，也有人因为买到了特价品而欣喜；有人抱怨着母亲的唠叨，却也有人凭借一张褪色照片怀念着母亲的容貌；有人一生平凡、碌碌无为，也有人如浮萍漂流随风荡漾。

太宰治在《人间失格》里写过这么一句话：

“在所谓的人世间摸爬滚打至今，我唯一愿意视为真理的，就只有这一句话：一切都会过去的。”

是的，一切都会好起来的。

04 >>>>

GALA 乐队在《追梦赤子心》里唱：“生命的广阔不经历磨难怎能感到，命运它无法让我们跪地求饶。”

不论我们为了什么而生活，生活都像是一场没完没了的战争，即使它在某一个阶段给了我们当头一棒，也只是为了让我们更好地认清现实。

可它也总给予我们杂乱琐碎的甜蜜和美好的回忆。一些些苦痛，一些些欢笑，构成了我们的人生百态。

没有谁的生活轻而易举，生活面前，我们都是摸爬滚打的孩子。可是总会有一个更优秀的你，在尚未抵达的终点等着，你终会到达那里，微笑地提起曾经不那么容易的生活。

这一生我们都在做的，就是在无数个普普通通的日子里，把苦痛熬成甘甜，全力以赴地好好生活。

如果你现在开始努力，最坏的情况也不过是大器晚成

对每个人而言，时间会证明一切，时间就是生命中最好的见证。

01 >>>>

时间是你努力的注脚，每一分每一秒都能成为生命中的一个符号。漫漫人生路，你要努力为自己写出漂亮优雅的句子，画上完整的句号。

不要浪费时间和精力活在别人的否定当中，如果自身都无法认清自己，不明确自己该走怎样的路，即使读再多

的书，遇见再多优秀的人，都只是在浪费时间和生命。

面对高考，我们都有一段暗自奋斗的时光，在无数个煎熬的日子里，喝着苦涩的咖啡，做着永无止境的题目，可总有人能在千军万马过独木桥时杀出一条漂亮的血路。

人生特别幸运的是，能够尽早学会对自己负责。

我那时奉为真理的一句话是：如果你现在开始努力，最坏的情况也不过是大器晚成。

当你感到为时已晚时，恰恰是最早的时候。我的书柜里仍然保留着高三时躲在被窝里，打着手电筒做完的几本数学题，和厚厚的一摞错题集。每当日子难熬地过不下去的时候，总是拿它们提点自己，不要辜负曾经那么努力的自己。

记得，离高考还有三个月的时候，学校请来了一位北大的学姐，她的励志演讲主题为“八十天，看我如何闯北大”，听完她两个小时的心路演讲，内心澎湃，久久不能平息，那种心情就好像武器已经握在手里，随时都准备好上战场。

原来那些看起来做不到的事情，真的有人不仅可以做到，而且可以做得漂亮。我第一次对一个人努力的程度肃然起敬。

有时候，你不是不够努力，而是目标不足以让你热血沸腾，越有挑战的目标，越容易让人奋不顾身。

02 >>>>

知道自己讨厌什么，比知道自己喜欢什么更重要。

大学毕业一年，同学聚会，见面时有人一成不变，有人却变得更加优秀，等菜上桌的时间里，大家不约而同地刷起了手机。

小柳依旧玩着网络游戏，她在双手灵活厮杀的同时告诉我们，如今游戏的段位更高了，玩得更爽了。阿红依旧戴着高度近视的眼镜，默不作声地看着她的网络小说。而睡在我对床的那位姑娘，正捣鼓着一款我看不懂的 APP，她说用来制作 PPT 的，我看了一眼她的作品，十分漂亮。

饭后闲聊，小柳和阿红说着自己的近况。她们在一家不大的公司，干着一份普通的工作，日子没什么惊喜也没多大的变化，她们说生活和工作毫无波澜，所以只能在虚拟世界里寻找乐趣。

唯独睡在我对床的那位姑娘，讲述起她的工作时，眼里会发光。

她滔滔不绝地说着这一年来的变化，一点一滴的进步。从她的眼里真的能够看到憧憬的未来。我说，真好啊，在大家都还迷茫着的年纪，就能够找到一份自己热爱的工作。

我一直认为，能够找到一份让自己心甘情愿全力以赴的工作，是一种莫大的幸运。

面对我们的羡慕，她笑笑说："我只是更清楚自己不喜欢做什么。就好比，你知道自己不喜欢做收发文件一类的杂事，你就要拥有拒绝它的能力。"

因为不喜欢被领导安排做不喜欢的事情，就要趁早培养有选择性做事的能力和底气。在没有能力和底气拒绝之前，你只能被迫接受，只不过有些人接受了一阵子，有些人却接受了一辈子。

巴尔扎克曾经说："一个毫无癖好的人简直就是魔鬼。"

比起"我不知道自己喜欢什么"更没救的是"我连自己讨厌什么都不知道"，热爱是一种变优秀的动力，讨厌也是。因为热爱某份工作、某种人生，努力燃烧自己；因为讨厌某些人和事，才有让自己远离它们的决心和勇气。

如果目前，你还没有发现自己的热爱所在，就先想想自己的讨厌之处，然后努力远离它们。

03 >>>>

我有一个朋友，对我讲过最“扎心”的一句话是：“我不怕吃苦，只是怕吃的苦都毫无意义。”

无可厚非，大多数人的一生都不可能一帆风顺，我们在达到终点之前都会走过一些岔路，绕过许多弯路，跌跌撞撞经历过不少风风雨雨，但正是因为成功来之不易，我们才会加倍珍惜。

生活不能等待别人来安排，要自己去争取与奋斗。

我每天都会写工作目标，每天最有成就感的事情就是一个一个消灭它们，然后花上十分钟的时间回顾一整天工作上的得失，记录可以改正的地方。这样，才能心安理得地关上电脑，踏上回家的路。

努力不是今天你有了斗志，然后突击一下，工作上就能有所成就。努力是一个很漫长的过程，有时候甚至有点儿让人失望，但最终它呈现的结果一定不会让你失望。

吃苦是一个默不作声的过程，也是一个将血泪咽下的过程，你不能因为有些苦毫无意义就选择逃避，有些苦即使毫无意义，也能磨炼出一个人的筋骨。

但真正的吃苦，不是你今天想体验人生疾苦，就跑到工地上把自己弄得满身是伤，然后说“看，我吃过苦了”。

人生在世，不如意之事十之八九。不要因为负能量就委屈、难受、萎靡，毕竟日子总在过，生活总要继续，如果觉得委屈，如果感受不到前面的光了，就努力成为你想要的光。

“吃苦”多有意义啊，它让你知道生活一点儿都不容易，你不能心安理得地挥霍每一个当下，没有人会为你的未来买单。你要明白如果不加倍努力，往后的日子就只能加倍受苦，生活里没有天上掉馅儿饼的好事，只有用汗水换回的柴米油盐。

英国作家毛姆曾经说过：“一个人跌进水里，他游泳技术好不好是无关紧要的，反正他得挣扎出去，不然就得淹死。”

希望你在人生每一个紧要关头都不放弃，因为吃苦一阵子总比受苦一辈子强。

04 >>>>

我喜爱的作家毕淑敏有句话：“只要你自己不倒，别人可以把你按倒在地上，却不能阻止你满面灰尘、遍体伤痕地站起来。”

世界最怕“认真”二字，你想要开挂的人生，只要认真对待，为时都不算太晚。写这篇文章的时候，脑子里一直浮现出曾经摘抄下来的一句话：“如果一分钟后要死去，也还有六十秒的时间来自救。”

“自我拯救”是一个人幡然醒悟的模样。我曾经跌落谷底，可我现在不想待在谷底了，我厌倦了从谷底遥望天空的生活，我想去天空看看大地的模样。

你不出去走走，就会以为你所处的地方就是全世界。

有人一年活了一天重复了三百六十四天，有人一年每一天都精彩无比。人与人之间的差距，就是在这日复一日里越来越大，最终分割成一条无法跨越的鸿沟。

美国作家米奇·阿尔博姆说：“你害怕痛苦，害怕悲伤，害怕爱必须承受的感情伤害。可你一旦投入进去，沉浸在感情的汪洋里，你就能充分地体验它，知道什么是痛苦，什么是悲伤。只有到那个时候你才能说，好吧，我已经经历了这份感情，我已经认了这份感情，现在我需要超脱它。”

遇到爱情是这样，生活中也都是这样。“投入”一段感情，一种人生，都是对自己的交代。

愿你依旧奋不顾身地去努力，鲜衣怒马，笑傲江湖；愿你幡然醒悟时依旧为时不晚，披荆斩棘，前路坦途。

如果你现在开始努力，最坏的情况也不过是大器晚成。

最后，祝你成功！

我喜欢这样
努力的自己

没有谁的人生是一直尽如人意的，
如果真有，我也不希望那是我所经历的人生。

01 >>>>

不确定的人生才让人满怀憧憬，才让人从心底里生出想要探险的勇气。

我又一次辞职了，从一家发展前景、各方面福利都还不错的企业，然后去了一家还在创业的单位。

身边的朋友包括家人在内，在得知这个消息后都觉得有点儿匪夷所思，他们一个个在微信、短信、电话中跟我再三确认这件事情。

“嗯，我真的又辞职了，从一家所有人都看好的上市公司里。”

离开那天，有人说我很任性，说我没事找事瞎折腾自己，他们说这样的决定，对人生根本没有半点儿好处。

也有同事苦口婆心地劝我，他们跟我分析这个小城的现状，得出的结论是：在这座小城里，像这样的上市公司是稀缺资源，只要愿意便可以无忧无虑地做到退休。

多数有了一定年纪的人都喜欢过自己熟悉的生活，在自己熟悉的圈里打转，和自己熟悉的人交往，买自己会做的饭菜，从事一份自己闭着眼都知道流程的工作。

听起来，这真的是一个很“安全”的人生，安全得一眼望得到八十岁以后的生活。

可这样的人生也有人不喜欢，比方说我，比方说你。

微博上，一位八十岁高龄的老奶奶说：“年轻时你不去旅行，不去冒险，不去拼一份奖学金，不过没试过的生活，整天刷着微博、逛着淘宝、玩着网游，干着我八十岁都能做的事，你要青春干吗？”

说得真好，年轻时不去拼、不去闯、不去努力，不和这个社会好好地较量，还要青春做什么？还要这副年轻的皮囊做什么？

02 >>>>

我们到底该为自己的人生谋取一条怎样的“出路”？

在人生的每一个十字路口，我们都会遇到层出不穷的情况，身边的每一个人也给你不同的建议，可即使听了再多的意见，你也依旧无法衡量出一个最佳的选择，你依旧无法去做决定。

我们像站在无数个车站，这里停着无数辆载满人的车，在每一辆车上，都站着卖力兜售的售票员，他们急匆匆地喊着：“快上车，马上走！”

这个时候，你会上哪一辆车？到底哪一辆车，才是你的命运终点？

有人后悔做了决定，有人后悔没做决定。

如果是我，我会痛恨自己像傻子一样站在路口等待答案，期待某一天某一个大师告诉我人生该如何选择；

我也会痛恨自己某一天随便上了一辆车，仅仅是因为那一瞬间有人声音很大，而我又恰巧寂寞难耐。

你有没有想过，其实，后悔没做过和后悔做砸了的量级永远不一样，前者让你更懦弱，后者让你更有智慧。

人都是这样，总希望能在别人那里获取一些经验，得到一些支持和肯定。但其实，人生真正的方向永远都是自己“找”回来的，别人的建议，总是别人的，自己想过怎样的人生，只能自己“生成”。

03 >>>>

成长的定义是，长成自己的样子。

在《丑小鸭》的最后，安徒生写道：“只要你曾经在一只天鹅蛋里待过，就算你是生在养鸭场里，也没有什么关系。”

我们每个人心中都有关于自己的天鹅蛋，即使生在现实的养鸭场，也一定能飞。

对我而言，选择辞职并不是这家公司有什么问题，是我有自己的路要走，而刚好这个环境并不能让我造就这样的一条路，所以离开便是最好的选择。

我并不觉得遗憾或者可惜，因为每一次的试炼都在为自己的选择铺就一条更宽的路。或许在这个过程里，我们辜负了一些人的期许，也伤害了一些帮助过我们的人，但总好过将就自己去过自己不喜欢的生活。

这个年纪，父母期待你结婚生子，上司期待你助他一臂之力，好友期待你与她们一样，这些都是大家对你的期许，但是你总有自己的选择。

当有一天你发现，将就自己也无法满足他人对你的期许，或者永远都无法达到他人对你的期待时，便会明白，自己想做的事情才是最重要的事情。

04 >>>>

曾有人跟我说："我高考就差了几分，结果从北大掉到这个鬼学校。这是我生活悲剧的开始……这两个学校的水平差得太远了，你要知道，北大图书馆有八百万余册藏书，我的学校只有几万册。所以我只能无所事事地打游戏。"

我问他："你看了几本？"

过了一会儿，他回：“两本。”

所以你看其实没有人会阻碍你的前行，那些拼命努力向上攀爬的人他们永远都在努力着，他们从不觉得苦觉得累，因为每一次成长带来的快感让他们知道，只有努力才能有所收获。

其实给自己设下人生限制的，不是旁人，而是自己。

真正的努力，带着疼痛

这些年，我们听了太多关于努力，却毫无效果的负能量的故事。实际上，那样看似努力忙碌的背后，从来都是“伪努力”罢了。

什么是真正的努力？

真正的努力，是跳出舒适圈，带着疼痛的努力。

01 >>>>

消失了很久的小雅，终于发了一条微信朋友圈，那是一张三级人力资源师的证书。

我赶紧发私信恭喜她：“之前还想问问你怎么不发朋友

圈了，没想到是努力学习去了。”

她瞬间回复我：“我忙着学习考试，连睡觉的时间都没有，哪有工夫发朋友圈?!”

听到这句话，我很感慨。

我的这位朋友，曾经是一天发好几条朋友圈的人：出去玩了，看电影了，谈恋爱约会了……朋友圈里的生活丰富多彩，现实里的生活百无聊赖。

后来，她发现自己看似多姿多彩的生活，其实质量特别低下。

她花了大把的时间在在朋友圈里，但这并没有让她去往更高的地方，反而让她的工作停滞不前，毫无起色。

尤其是当她意识到曾经那些不如自己的人也快要赶超自己的时候，她下定决心要做出改变。

于是，她开始向自己的专业领域勇猛进攻。聚会不去，照片不晒，几乎从朋友圈里消失了，再一次出现的时候，就是这张三级人力资源考试通过的证书。

在欣喜之余，她并没有止步，而是选择向二级、一级继续努力。

想起之前看过的一篇文章，上面写着“突然消失在朋友圈的人，八成都是找到了新的奋斗方向，下定决心为之努力奋斗”，我深以为然。

在你不知道的时候，真正厉害的人都在悄悄努力变优秀。

02 >>>>

部门里有一位做设计的同事，有一次和她聊天，我才知道原来这位平时寡言少语的同事下班后还会去接设计类的单子，额外再做些兼职，提高自己的收入。

她谦虚地说，因为自己技术过得去，能按照客户要求设计，改稿子也及时，客户和单子也在慢慢增多，虽然有时真的很累，但看着自己的生活一天天变好，便觉得值得，现在她的额外收入都快赶上正常薪资了。

不仅如此，她还说，每年都会给自己报专业课程，利用空余时间努力充电，以此来精进自己的设计水平。

在和她简短的交流中，她所透露出来的信息量，让我被她的努力和自律深深折服。

相信许多人在忙碌了一天之后，回到家里最想做的事情便是休息，躺在舒服的床上刷刷抖音，看看电视剧，打发打发时间直到睡觉。鲜少有人在累了一天之后，还会选择继续努力，这该需要多强大的意志力。

之前有一个朋友在微信群里说："时间过得好快呀，月头制订的计划还没开始，就到月末了。"

我点开她的朋友圈，发现她一天更新好几条，不是分享与朋友的聚会，就是转发抖音上的小段子，常常半夜一两点还在更新。

每年到了年底，更是会有无数人感慨时间过得好快，还是没有瘦身成功，还是没有存到钱，还是没有升职加薪，还是没有学会熟练地说英语……

可我想说时间其实是有的，是你随意地抛弃了它。

我突然发现世界上有许多努力，是不需要别人知道的。在你不知道的地方，在你犹豫观望的时候，永远有人在默默地努力着。

哪有什么幸运，哪有什么"业余胜职业"，所有光鲜亮丽的成功背后，都有我们看不到的努力和坚持。

03 > > > >

前段时间，薪酬网公布了一份 2018 年中国大学毕业生薪酬排行榜 TOP 200。

榜单前十的高校，包括清华、北大、北外、上海交大、对外经济贸易大学等。可以说，排名靠前的，大部分是985、211 重点名校。

薪酬榜引起了热议，很多人在说，是啊，我是名校，确实了不起。

是了不起，但也真没那么了不起。我把名校毕业生起始工资高的现象称为“起跑线效应”。这是很多职场人士进入社会的一个“初始值”。

读了名校，确实很容易赢在起跑线上。但人生是什么？人生是马拉松啊，是一场长跑。起跑线赢了就能笑到最后吗？

一个人坚持努力，挥着汗，腿软到颤抖，也决不放弃。时间维度拉长一点儿，就必然会打破起跑线效应。

部门开年终会议时，小琪被领导当众表扬，领导夸她工作出色，并推荐她参评公司的年度优秀员工，还要给她加薪。

同事们都羡慕小琪，但这一切都是她努力挣来的。

小琪入公司并未满一年，大专学历，初来时非常不起眼，经常被使唤干一些粗活累活。可她一句怨言都没有，一直勤勤恳恳地干。

做一份表格，别人用数据做一张图，她会做好几张，反复对比，哪怕是表格中的数据，她都要仔仔细细地核对好几遍。

同事让她打印一份文件，她不仅会帮对方打印好，在打印之前还会帮他们修改文件中的错别字，打印装订好，整整齐齐地拿给对方。

有人说她学历低，比不上重点院校毕业的学生，要想升职加薪就得苦熬资历，她深知学历是自己的一块短板，便默默地报了专升本，提升自己。

她永远是部门里第一个到的，也总是要等到同事都走了才会离开。

其实我们身边像她这样的人还有很多，他们都抓着自己的希望努力地从当下的泥潭里挣扎出来，他们都在努力地过着自己的生活，他们想对得起自己的生命。

04 >>>>

我经常问自己："现在的生活，是你当初想要的吗？如果不是，你还可以做出什么样的努力去改变现状呢？"

前几年，我总觉得自己还年轻，还有大把的时间消遣娱乐，可当越来越多比我还年轻的人出现在我身边的时候，我突然发现，其实自己已经很老了。

你已经是一个大人了，要学会面对生活给的所有难题和挫折，更要对自己的人生负责，对未来负责。

时间就像一张网，你撒在哪里，你的收获就在哪里。

希望等到几十年后，我们都可以理直气壮地对自己说："岁月未曾饶过我，而我也未曾饶过岁月。"

想要的都这么贵，
不努力怎么行

年轻时，我们最不该收敛的便是野心和欲望。

因为它们是你进步的动力，而且为自己想要的东西努力，本来也是一件很酷的事情。

01 >>>>

月底，支付宝的账单出来后，我的姐姐又开始向我诉说生活的不易了。

我指着她满桌的护肤品和化妆品说："喏，你的钱都在你脸上了，你的日子过得比谁都金贵。"

她很不服气地回击我："你不要说我，你一柜子的书要怎么说?”

我又迅速打开她的衣柜，拎出她新买的时尚大衣，挑着眉看着她。

当我逐渐拎出她今年新买的衣服和最新款的球鞋时，她终于败下阵来。抱着枕头，趴在床上，歪着头，问我：“为什么我喜欢的东西都这么贵，可是我仍然忍不住要去买它们?”

这个问题的答案其实很简单：因为我们想要追求更好更贵更精致的生活。

就好比我们忍受不了廉价的化妆品散发出的劣质的香味。这些年来我发现越是劣质的香水越是刺鼻，连拿来用作空气清新剂都很勉强。

反之，一套好的化妆品味道往往很轻淡，涂在脸上也更自然，当然价格也更漂亮。

所以姑娘，你想要更好的东西，就需要承担起更贵的价格，而我想要的东西，它们也真的很贵。

02 >>>>

大学每个月的生活费不多，每月初爸妈会把钱汇到指定的银行卡里。而每个月末都成了我最难熬的日子，钱包见底，话费见底，有时不巧还会碰到各种洗漱用品、护肤品统统见底的情况。舍友间常常是你支援我，我支援你，一包泡面也能分三个人吃。

每次要钱，也不敢多要，尽管知道自己需要买很多东西，也仍然开不了口。买洗漱用品定要等到天猫超市打折，满多少减多少，有时候一个人凑不齐还要叫上室友一起凑，如果室友刚好不缺，那你也就没有办法只得付钱。

换季买衣服也是一个问题，好几次站在镜子前，看着身上漂亮的衣服，舍不得脱也舍不得买，尴尬地站在店里，小声地询问是否有折扣，能不能再便宜些。

这几年，我错过了很多漂亮的衣服，也错过了很多让自己漂亮的机会。

我见过很多服务员，她们很会辨别客人。她们笑脸相迎了许多人，殷勤地向你介绍最流行的款式，而对于衣着“朴素”的客人她们大都不招呼，或者直接招呼你去打折区。

在一家化妆品店里我见过一位姑娘，她正在试一支口红，店家告诉她这个色号只剩一支了，但是她仍然无法下定决心购买。

看着她紧握的那只手，我心里知道她是多么中意那支口红，然而最后她还是轻轻放下，服务员又迅速地将它放回专柜里，不再和她说一句话。我知道她放弃，是因为上面那标着的价格。

在我经济没有独立之前，我也习惯了被忽视的感觉，并习惯性地接受父母买的衣服，也曾多次因为一支心爱的口红而左右为难。

因为没能力，所以只能接受给予，只能接受平凡。

然而我曾暗暗设想，终有一天，我要的东西不再将就，它不仅是我中意的，也是我能够从容支付的。

其实生命里更多时候，我们努力不是为了让自己活得更轻松，更高人一等，而是为了让自己能拥有更好、更贵、更精致的生活。对物品的要求如此，对人生的要求也如此。

03 >>>>

表姐这个月月底结婚，收到她邀请的时候，我着实替她开心。这个姑娘在三姑六婆都替她着急，为她不断安排相亲的时候，她仍然一直恪守自己对爱情的原则：要嫁就要嫁给爱情，除非真的是自己的真命天子，不然不会随便开始，不将就自己，也不委屈别人。

我曾问她："表姐，你就不怕沦为剩女，不怕被左右邻居嘲笑到了年龄还没嫁出去吗？他们都说爱情是奢侈品，你就不怕等不到吗？"

她却跟我说："虽然我过了适婚的年龄，沦为了亲戚口中的剩女，但我除了爱情，生活上什么都不缺，我有体面的工作、不菲的收入、无话不说的好友、可以支付起小资生活的存款。我前期的努力让我有了足够的经济基础，可以让我有足够的资本去追求爱情这件奢侈品，所以我不怕。"

我这么努力就是为了让自己能自由地追求想要的东西，哪怕东西再贵再奢侈，我还是要让所有人都觉得，我配得上这个东西，我的坚持和努力都是正确的。如今喜帖上的表姐，笑靥如花。这姑娘有脾气，也有底气，简直酷毙了。

所以我们这一辈子，攒够劲往前走，只是为了更体面地工作，更精致地生活，能从容地做自己的选择，买自己想要的东西，嫁自己所爱的人。这是我们的信念也是目标。

生活中应该有些欲望，为了满足欲望，满足自己，我们才会加倍地努力。除非你向命运低头，向生活妥协，不然你要的东西都这么贵，不努力怎么行！

Part2

人生实苦，
你也不能认输

既然实现目标那么苦，
你为什么还要继续受苦

愿你比别人更不怕一个人独处，愿日后谈起时你会被自己感动。

01 > > > >

每当有人跟我聊起大城市的时候，他们一般不会用过多的词汇去形容一座城市的繁华，但他们更愿意去谈论在大城市奋斗的“超人”。

有人跟我形容上海的地铁下班高峰期时，坐地铁的上班族们都会刷手机，但他们不看抖音，不聊八卦新闻，他们只专注于学习，他们抓住任何一个能给自己充电学习的机会，提升自己，以待来日更好地面对种种挑战。

我曾经遇见过一个人，独自一人留在大城市打拼近十年，至今仍然住在群租屋里，每天为了生计奔波，为了柴米油盐和房租发愁，更为了终身大事和不确定的未来拼搏，每天加班后回到出租屋里，望着墙上的钟总会产生质疑，不知道这样的自己为什么还要继续下去。

不继续下去，难道放弃吗？这个城市每天都有那么多新人涌入，每天又有那么多人取得成功，我真的不再熬一熬吗？

作为一个普通人，我其实特别害怕过这样激烈的日子，我害怕自己一事无成，也特别敬佩那些在写字楼里日日夜夜加班的年轻人，他们也都不过是普通人，但他们创造了许多其他人无法创造的奇迹。

有了目标的普通人就升级变成了超人，技能加身就拥有了超能力，一路打怪升级成就了一个更好的自己。

02 >>>>

我有一个同学，谁都不知道他在网上连载小说。他每天更新一万多字，已经坚持了两三年。直到在网上看到一部小说，小说作者的笔名和他的微信名称一模一样。

我截图给他，打趣地说："嘿，有人盗用你的网名在网上写了不少小说，其中有几部还挺火的。"

过了很久，他回复我说："写这部小说的人就是我。"

然后我才开始听他说起关于自己的创作经历，初中开始萌生写作的想法，高中写完了好几摞四百格的作文纸，大学后，每天几乎都是和文字做伴，那时候的生日愿望永远都是：希望自己的脑洞能够大点儿，写出的故事能有更多人喜欢。

他说第一次收到平台签约邀请的时候，就像怀孕了很久终于生产了，之前所经历的种种阵痛都值了。

他说曾经有过一段特别难熬的日子。毕业后看着身边的同学一个一个步入职场，没多久又一对对步入婚姻，然后又听闻谁谁升职加薪。反观自己，埋头写作，毫无成绩，心理落差突然无比大。

"我是如此渴望成功，可太难了。有一段时间我几乎没有收入，父母几次劝我找工作，加上写作进入了蛰伏期，那段日子回想起来是我整个人生最低迷的时候。"

我问他："那你现在还在继续吗？"

他毫不迟疑地点点头："我现在有一份编辑的工作，白天上班，晚上写作，觉得日子过得特别充实，目标也特别明确。"

他每天仍然更新一万多字，每天码字到深夜还会仔细阅读粉丝的留言并且一一回复。他不仅有工作还有自己热爱的事情，现在的他也变成了一个超人。

目标的厉害之处大概就是，能让一个丧失了生活方向的人重新掌握生活的缰绳。

03 >>>>

邻居曾收养过一条狗。在一个大雨滂沱的晚上，那条狗在她家屋檐下躲雨，浑身的毛儿都湿透了。

她领它进屋，帮它擦干，喂它食物。整个过程，这条流浪狗都表现得特别温顺，像是已经养了很久很久的老朋友，亲昵地舔着她的手。

可是后来它又走丢了，邻居通过很多途径去找它，找了很长一段时间，都没有下落。但在寻找的过程里她知道了这是一条长期流浪的狗，它曾被许多人收养过，它曾有过许多个温暖的家，可最后它都选择离家出走。

它真是一条“特立独行的狗”，好吃好喝安稳的生活有什么不好，为什么非要凭借四脚走天涯？

我猜想，这条狗的初心一定是想走回主人的身边。可走着走着却发现原来这个世界那么大，精彩的事物那么多，即使走不回主人身边好像也没有太大关系了。

它一定比其他的狗更有眼界，才不愿意在一个地方停留太久。能够“走多远”才是它的目标，即使有时会没有饭吃，即使有时会满身肮脏，即使遭人追赶或者被人收留，这些对它来说都不重要，它要去遇见更大的世界，成为一条见多识广的狗。

刘若英曾在《我敢在你怀里孤独》这本书里写过这样一句话：“只要身上还有买车票的钱，我就会选择出发，距离时近时远，只要在路上，便好。”

许多人的生活也是这样。他们努力学习，拼命工作，不仅仅是为了过上更好的生活，也为了让自己的人生圆满。每一个让人心力交瘁的时刻，他们都咬牙挺过。人这一生没有一个时刻是真正停下的，即便是修整，也是为了更好地出发。

04 >>>>

在逐渐逝去的生命里，我们遭遇了许许多多的不如意，也时常感到力不从心，很疲累。既然实现目标那么辛苦，你为什么不就此停下，因为生命是一个步履不停的过程，要想停下除非死去。

如果现在的你很辛苦，停下休息一下，等攒够力气再重新上路。

最后，祝你前方一路坦途！

你必须要为你的
人生全力以赴

尼采说：每一个不曾起舞的日子，都是对生命的辜负。

01 >>>>

内心强大的人都有显著的特点：但凡做任何事情都很坚定，从不被外界的流言蜚语动摇，始终能够保持初心。

周末和许久不见的同学打了一个很长的电话。话题从眼前固定的生活模式到外面精彩的大千世界，从如何守住一个人的感情寂寥到如何担负起成家后的柴米油盐，从现状到未来的种种设想。

期间，他说的几句话让我很动容。他说：“我们总是试图找一种更优质的生活，但当这种选择需要付出更多的努力时，我们就开始犹豫，甚至会选择退缩。”

最可怕的不是你没有目标和梦想，而是你曾经对未来有着更高的设想，却碍于当下的荆棘和前方的风雨，吓得迈不开步子。

他说自己一直对心理学领域很感兴趣，曾经一度想要成为一名心理咨询师。跟他关系特别好的朋友都不知道，他曾经偷偷给自己报过心理学的课程，并暗自努力过一段时间，但最后都无疾而终。

我问他为什么没有坚持下去，他说课程太多，时间和精力都有限，看完了两本专业书以后就不想再继续下去了。最后，考试的日子一天天逼近，他就彻底放弃了。

他又补了一句：“好在没有人知道这件事，不然又成了他人的笑柄。”

我其实特别能理解他的这种心态，因为我们总喜欢炫耀成功，掩藏失败。我们的内心不够强大，不够坚定，才会在做每一件事情的时候衡量别人的看法，给自己留一条体面的后退之路。

我们不愿意告诉别人自己的目标，是因为害怕被别人嘲笑不自量力。人生确实应该量力而行，但能够被别人嘲笑的目标，才更有实践的价值，才更值得我们坚定地去追求，不是吗?

02 >>>>

为什么有些人总能充满力量地面对人生的挑战?他们并没有比大多数人聪明很多，却比大多数人都坚定、努力、豁达。

认识的朋友里，有一位“95后”姑娘，让我特别佩服，认识她十年之久，她走得每一步都稳妥坚定。中考进入市里最好的高中，高考又如愿进入重点大学，大学毕业后想去北京读研，于是，又是一举中第。

这一路走来，认识她的朋友都说她运气好。可我们都知道，人这一生想要走好，靠的一定是实力。

最近一次和她通话，她正在学校的实验室里埋头做实验，那天刚好是周日。

我问她去北京这么久，有没有好好出去逛逛?她一边敲击着键盘，一边告诉我，实验太多，没有时间出去，她说自己读研的专业比较冷门，现在带她的老师也给不了太多专业上的帮助，只能自己努力琢磨。

她打趣地说，按照目前的情况，能不能顺利毕业还是个未知数，如果知道十年后的自己会进入这样一个困境，当初真该换条路走走。

我不禁哑然，回想大家都说她运气好，但一条路能坚定不移地走十年，怕是只有运气也不行吧，“运气”只不过是给努力的人额外的奖励。

我一点儿都不替她担心，因为一个面对困境依然如此坚定努力和豁达的人，对比大多数人，已经成功了一半，剩下的那一半也未必会是失败。

爬山的时候，我们习惯遥望山头，然后对比脚下的路程。人生里，我们也在遥望山头，成功的人和更成功的人，失败的人和更失败的人。我们想成为哪一类人，爬上哪一座山头，其实从一开始我们心里就已经特别清楚。

03 >>>>

曾经接到公司临时指派的任务，需要去一个陌生的城市出差。

我其实特别害怕与不熟悉的环境和人群打交道，尤其是在手机没电的时候，心里特别没有安全感，但在客户面前又不得不装出一副老成的模样。

加班到夜里一两点，结束躺在床上的时候，身体特别疲累，连睁眼的力气都没有，但即使身体累到动弹不得，内心依然能感到满满的充盈。这种满是成就感的充盈打败了这座城市给的不安和寂寥。

我反复问自己："为什么能够接受这样的工作，并且甘之如饴？"

最终我得出的结论是：因为想要成为一个更强的人，有了这样一个足够强大的目标，才会让孤独与困苦看起来都不那么难过。

书里说："这个世界就是这样的，公平还是相对存在的，你站得高了，自然会有人看得到你。没有人说得清极限在哪里，但是极限令人着迷。在到达极限之前，必须要坚持练习，重复练习并且沉淀。觉得累就说明你在上升期，毕竟，人总是要追随强者的。"

极限让人着迷，成功让人上瘾。

这一生，我们无法判别哪一种人生更成功，哪一种人生更圆满，我们无法用财富的尺度去衡量，也无法用价值的深浅去标注，因为无论是哪一种人生，只要你在自己规划的目标里坚定不移地努力着，你的人生就是成功的。

04 >>>>

麦兜说："这个世界有时候硬邦邦的，有时候软塌塌的。当我们开心、伤心，当我们希望、失望，我们庆幸心里总唱着一首歌，让硬邦邦的世界不至于硬进心里，让软弱的心不至于倒塌不起。"

生活在这个世界上的每一个人，都应该学会一种魔法，用它来抵抗坏情绪、获得好心情。而这种魔法有一个我们耳熟能详的名字，它叫作信念。

读过许多文章，它们都和焦虑有关。为何我们会有无止境的焦虑，除了能力之外还有对未来的不坚定。因为对当下的自己的能力产生怀疑，才会给未来打上问号。

即使再焦虑，有用吗？未来依旧会如约而至。打破这份焦虑才是我们当下应该做出的回应。因为在打破焦虑的过程里，你会特别特别地疲累甚至无数次想要放弃，所以你必须练就一颗强大的内心，坚定地去面对生活给的压力。

上学的时候，我们会说读书很累；工作的时候，我们会说工作很累；谈恋爱的时候，我们甚至会说爱一个人好累。

但我们不会因为累就放弃读书，因为知道读书是成功的途径；不会因为工作累就放弃工作，因为明白努力才能有所回报；更不会因为爱一个人很累，就拒绝去爱，因为人生仍然值得期待。

面对挫折，面对失败，我们应该怀抱着信念，每一次被打倒，重新站在起点上时，都要默默告诉自己："我还没被生活打趴下，我还能继续奋斗下去。因为你只有选择充分相信自己，你才能充分相信未来。"

“哆啦 A 梦，我赢了，
就我一个人打败了胖虎”

我知道你已经活得够努力了，

不需要任何人再喊一句加油。

01 >>>>

《哆啦 A 梦：伴我同行》的剧场版里，有一个画面：

为了让哆啦 A 梦回到属于它的地方，大雄挥舞着拳头，凭着自己的力量，打赢了在体型和力气上占绝对优势的胖虎。

“哆啦 A 梦，你看见了，我赢了。我一个人，挥舞着拳头，打赢了胖虎，我一个人可以完成全部的事情了。”

看过哆啦A梦动漫的人都会有这样的认识，大雄其实是一个特别胆小怕事的男孩子，他害怕比他强壮的胖虎，害怕老师和父母的责备，不喜欢学习，讨厌考试。

无论是在学习还是生活上，哆啦A梦绝对是他最坚强的后盾，但是天下没有不散的宴席，好朋友终究要回到它生活的星球上，而自己也不得不学会长大。

让一个人最快成长的方式，便是让他明白自己身后没有依仗。

02 >>>>

有些人是永远也飞不起来的，不是因为缺少飞的条件，而是自己太害怕坠落了。

电影《乘风破浪》里，有一句台词我很喜欢：也许过去的一年，你曾被风浪拍得颓废失意，但新的一年，愿你乘风破浪。

拿起行李离开的时候，坐在客车上回味的时候，停在终点沉默的时候，我一直在想：所有的不舍和告别，都是在提醒自己一往无前。

简书里，有一位大四的学生私信我说：“毕业了，我就要离开家去实习了，去一个我完全陌生的地方。虽然这些年，我一直活得很独立，我以为自己已经强大到可以一个人面对所有事情了。

“可当我想到要离开家，去那么远的地方，独自一个人。我还是有那么一点点感到孤独和害怕，害怕面对完全陌生的环境和未知的未来。”

在看到他这些话的时候，我的心里翻滚着很多情绪，我很想告诉他所谓过来人的经验，可是最后我忍住了。

毕业后独自在外打拼，一直被时间推着向前走，习惯了一个人面对所有的欣喜和心酸，习惯了一个人把自己的情绪藏在心里面，开始学着报喜不报忧。

最后我回了他一句村上春树说的话：“你要做一个不动声色的大人了。”

即使面对陌生的环境和前途的迷茫，你也要做出一副大义凛然的样子，你也要一往无前，才能让留在身后的父母安心，才能让前方的路看起来没那么可怕。

03 >>>>

玩过游戏的人都知道，只有闯过了一关又一关，才能接近终点的大BOSS，在这过程当中，我们不免会被重拳打倒。但是，不服输的我们很快又会满血复活，接受新的挑战。

有一个姑娘在后台给我留言，她说自己很喜欢写文字，但是害怕被别人知道，其实我知道她害怕的是不被人肯定。

她说，最初凭借着对文字的满腔热情，就一头扎进去开始写了，因为写得很多，看得人少，数据难看，就自己偷偷删掉了。

偶尔想要分享一篇文章到朋友圈，也要屏蔽这个，屏蔽那个，有很多顾虑，文章水平也一直上不去，心里很有挫败感。

我用《当幸福来敲门》的一句话来回复她："你要尽全力保护你的梦想。那些嘲笑你梦想的人，他们必定会失败，他们想把你变成和他们一样的人。我坚信，只要我心中有梦想，我就会与众不同。你也是。"

一段时间后，她又来告诉我，现在的生活就像大彻大悟了一样，哪怕数据不好看，也会大大方方发到朋友圈，给大家看，让大家评论。

尽管还是会有人批评，但也同样收获了很多支持。

其实，当你越害怕一件事情的时候，生活是越会欺负你的，生活也会欺负所谓的"老实人"。

因为你全部的重心和精力都放在害怕上面了，而害怕让你拒绝了成长，让原本满心欢喜的新阶段变得无力和沉重。

04 >>>>

年轻人，不尝试，生活中是要吃亏的。

我有一个特别好的朋友，因为性格的原因，特别排斥接受新事物和新环境。

他是那种只要面对新的环境，接触不同的人，就会浑身不自在的人。

在工作中也是这样，他从不愿意尝试其他工作，也很少与新来的同事交流，他把自己封闭起来，一日日，一年年。

这么多年他从来没有被领导提拔过，也没涨过薪资。

我不知道他什么时候能够明白，一个人只有尽全力打破自己，才会有更好的成长空间。

生活很重，时常压得我们喘不过气来。

生活的拳头也很重，时常把我们打得遍体鳞伤。

但请你相信，仍然有人练着自己的肌肉，等到变得强有力的那一天，再狠狠地把生活打回去。

你真的可以决定
自己的生活

人生就是：抱最大的希望，尽最大的努力，做最坏的打算。

01 >>>>

最近看了《创业时代》这部剧，想起那年刚刚毕业的自己，和男主角郭鑫年一样执着，一样不服输。

2015 年，我毕业了。一个人拖着行李箱来到这个承载梦想的魔都上海。当时的我，凭借着刚毕业时的一腔热血，觉得自己可以大展拳脚，实现自己的梦想。

我的梦想没有郭鑫年那么伟大，我只想在上海打拼出一块属于自己的立足之地。我的专业是摄影，我很享受拍照片和修照片的过程，看到风景和人物变得更加生动美好，看到客人满意的样子，我也同样会跟着开心，甚至感到一丝丝的骄傲。

我东拼西凑，在这个寸土寸金的城市开了一家属于自己的摄影工作室。我以为，我的工作室一开就会有很多客源，这样我的收入会源源不断，设想的一切都是那么美好。

理想总归是理想，还是被现实打败了。没有拿得出手的作品，没有摄影大师的名气，鲜少有人主动找我摄影。

刚开始营业的时候，只有寥寥几个客人，每天入不敷出。每当晚上我躺在出租屋的小床上时，心里总是忍不住会想："我来上海创业是正确的选择吗？我这辈子也就这样了吗？"

可每次熬不过想要放弃的时候，就会想到那些已经功成名就的人，想到他们曾经也和我一样在底层摸爬滚打，想到他们用努力换来的一切，就没有那么难过，也没有那么想放弃了。

俞敏洪说："不要等待机会，而要创造机会。"

没错，一个人的命运掌握在自己手里。

02 >>>>

于是，我开始每天四处推广我的工作室，为了积累原始客户，甚至低价给人拍照。入不敷出的生活让我几度以为自己会就此倒下。但是，我的梦想不允许我这样做。

我一直相信天道酬勤这句话，相信努力一定可以开出花儿来。

某天，一对小情侣因为看见了我推广的宣传画，来找我拍情侣写真集。虽然不是什么大的客户，可我因为他们对我的认同而感到非常开心。

我把给他们拍的写真中的某一张挂在明亮的橱窗里，告诉自己："看，这不就是继续努力的动力嘛。"

后来，慢慢有了客源，我开始忙碌起来，也更加坚定了自己的选择。我并没有因此而骄傲，反而更加珍惜。我深知每一位创业者的不容易，也懂得坚持下去的难能可贵。

晚上下班后，我已经习惯步行回家，一路上看着这五光十色的城市和熙熙攘攘的人群感慨道："这个城市真大呀，给了许多人圆梦的机会，真好呀，我还在这里为了梦想坚持。"

一句很俗的话：努力不一定会成功，但不努力一定不会成功。

在前行的过程中总会遇到挫折，没有谁的人生是尽如人意的。不管是谁，都想拥有一份自己可以为之努力奋斗一生的事业。

那么，就请好好努力。

03 >>>>

巴顿将军说：“衡量一个人成功的标志，不是看他登到顶峰的高度，而是要看他跌到低谷的反弹力。”

刷朋友圈时，看见好友沛涵发了朋友圈：阳光真好。配图是手捧一杯咖啡，定位在马来西亚。

这样的生活让很多人羡慕吧。

但三年前的她，从一个小地方来到上海，什么都不懂，在公司里也经常被同事们招之即来挥之即去。

那年，沛涵刚刚来我们公司工作。初见她时，她还梳着两个麻花辫，乍一看的确是土里土气的，和繁华时尚的上海显得那样格格不入，甚至在公司里引起了不小的议论。

因为她的“土气”，很多人都不待见她，每天公司里的杂活都是她来做，她常常因此耽误自己的本职工作而被领导批评。

沛涵后来说：“当自己还一无所有时，为了立足只能什么都做，谁都不要得罪，自己苦点儿累点儿也没有关系。”

她还是那个小职员，她也不再仅仅是一个小职员。她用为数不多的存款尽量提升自己的格调，报名参加瑜伽班，看书，跟着英文软件练习英文，她用很慢的速度在进步。

直到有一天，她用这种速度爬到了她够得到的最高点。

本来无望的事，大胆尝试，往往能成功。

其实每个人的成功都不是一蹴而就的。

蔡康永老师说：“十五岁觉得游泳难放弃游泳，到十八岁，遇到一个喜欢的人约你去游泳，你只好说‘我不会耶’。十八岁觉得英文难放弃英文，二十八岁，出现一个很棒但要会英文的工作，你只好说‘我不会耶’。”这个世界上很多事情都是你敢你就会。成功往往就是坚持一下下就好了，但那一下下很多人都放弃了。

愿你全力以赴，
成就一个更好的自己

想走很远很远的路，去看看自己攀上顶峰时的模样，那就要为长途跋涉提前做好准备，避免半路折返，避免前功尽弃。

愿你在独自攀爬、走过一段艰难的岁月后，成就一个更有价值的自己。

01 >>>>

你的目标决定你能走多远，决定了你存在的价值。

这世间最坚韧的物种之一是树。它能忍受长年累月的风吹日晒，忍受冰寒酷暑的严刑拷打，忍受任何一种艰难环境下的孤独寂寥。它的生活方式让人心生敬畏。

但它也同样能够承受撑破脉络后的茁壮成长，承受扎根深处后的涌向天际，承受人们在它枝繁叶茂的躯干下闲话纳凉，承受世间给予的欢乐。它的成长方式让人心生敬佩。

每一颗树种的目标都是长成一棵大树，每一棵已经长成参天的大树，都有着一张厚实的老树皮。

南方是橡树生长最好的地方。橡树是一种金贵的树种，因为它的产物“乳汁”可以做成多种产品：乳胶床垫、乳胶枕、乳胶被。这些产品绿色环保又有益身体健康，即使价格昂贵，人们仍然争相抢购，甚至有些产品还用于航天事业，其创造的价值更是不言而喻。

温暖潮湿的热带环境给了橡树独特的生长条件，但并不是每一棵橡树都能生产出优质的乳汁。

其中有些树苗因为耐不住炎热而无法长大，部分树苗在长大的过程中耐不住环境对它的消磨而夭折，而那些已经长大的橡树当中，又有几棵耐得住人们经年累月的索取？

只有那些有着坚定目标与顽强毅力的橡树才能完成自己的使命，站在这世间证明自己存在的意义，证明自己价值不菲。

每一棵已经成型的参天大树都有一张粗糙丑陋的树皮，那是它们历经沧桑实现价值后最美的模样，它们用一张坚韧的老树皮牢牢护住自己的本心，坚定地站在那里，告诉我们：“任何打不倒我的，都必将让我更强大，我能经得风霜，也能沐得阳光。”

02 >>>>

你能创造多少价值，就等同于你能得到多少回馈。

经历过求职的人都知道，你能创造多少价值，雇主就会愿意支付你多少薪水，这就是社会公平公正的契约，双方签订合同，然后依约履行职责。

当你在这个岗位上创造出了更多的经济价值后，你会得到升职加薪的机会，如果没有得到公正的待遇，大多数人会选择跳槽。

跳槽的目的是寻找一家能够支付你等量价值薪水的公司，跳槽也成了能力的一种体现。

这个社会也很现实，它不会因为你家境贫穷而给你更多的酬劳，也不会因为你梦想伟大而厚待于你，更不会因为你正遭遇某种劫难而给你更多的帮助。但同时这个社会也很公平，它公正公平地和你等价交换。

所以不要再抱怨社会的不公，不要再埋怨自己的薪资低廉，你所遭遇的不公对待都是因为自身价值不高。

单位来了一个实习生，什么都不懂，需要手把手地教，经常因为出错而被上级领导批评，其中有一条让我记忆犹新：你什么都不会，就意味着迟早会被淘汰，但好在你还是实习生，还有时间让自己增值，所以你要努力。

我们不能保证能把自己锻造成为一件精美绝伦的艺术品，但我们至少要保证自己不是一件残次品，这样才能在这个竞争激烈的社会里把自己“卖”个相对好的价钱。

如果你现在什么都不是，甚至一文不值，别担心，因为人生的价值是一个漫长积累的过程，你只是虚度了几年光阴，但这并不会影响你最后实现质变。

03 >>>>

你本身的价值，构成了与你同等价值的人际关系。

曾经听过一句话，我特别喜欢：如果你本身不优秀，那你遇到再优秀的人也无济于事，因为你根本融入不进他们所属的群体，即使你有幸待在这样的群体里，有一天，你也会被他们边缘化。因为你和他们不属于同一个价值层面。

决定人与人交往的本质是利益，决定你人际关系质量的是你自身的价值。

物以类聚，人以群分。

就好比你是一个坚持奋斗的人，你去观察你的小群体，他们身上大都有着和你一样奋斗的潜质。

如果你是一个爱读书的人，长久地坚持下去，你的人际网络也会筛选出一批和你同样爱读书的朋友。

一切和你相似的会靠近，和你相悖的会远离，最终留下的是和你最合拍的，他们会是你的朋友、爱人乃至你的事业。

我妈妈朋友的儿子高考失利，他的父母决定让他复读一年。为了能够给儿子创造更好的复习环境，在疏通人际关系上面，他们花费了不少精力和钱，甚至送礼给负责看守学生宿舍的阿姨，按照他们的说法："打理妥当了，孩子复习晚了回去也能有个人给他开门。"

为什么我们要去打理人际关系？因为"钱"和"礼"不仅仅是表面上的情义，站在人际关系的天平上，它们变成了一块价值的砝码。

要想万事少求于人，就要学会在漫长岁月里让自己变得更有价值，你的价值决定了和你同行的伙伴。

04 >>>>

《论语·子罕》里有一句话："沽之哉！沽之哉！我待贾者也。"这句话浓缩成四个字是"待价而沽"，现代解释的含义是："等遇到更好的条件和福利待遇时才答应做事。"

可真正的"待价而沽"并不是单方的选择。你在等待更好的条件出现，对方也在评估更有价值的选择。挑学校念书是这样，挑工作是这样，挑结婚对象更是这样。

于是，在日复一日里，如何成就一个更有价值的自己，变成了我们最为焦虑与关心的问题。

有人给自己制订了一份详尽的计划表，坚持几天就半途而废；有人默默地对标学习榜样，然后一直努力；有人开始尝试摒弃一切陋习，振奋着让自己重新来过；也有人朝着目标攀爬了好久，因为过于辛苦而放弃。

如何让自己变得更有价值？每个人都想找到答案，每个人都想复刻出一个成功的人生。

可现实是，书柜里买的书直到纸页泛黄都没有翻阅；

瑜伽垫都已经落满了灰，身上的肥肉依然没减一斤；上个月立下的学习目标，学习软件提醒的消息都撑满了手机屏，也没有再去理会。

我们总以为准备好了，立下的目标就能实现，但准备好仅仅是一个开始，后面还有多少路要走，多少难关要闯，谁也不知道，你不能从一开始就走下坡路。

环顾一下自己的周遭，扪心自问一下，未来的你想站在哪一个位置，为了那个位置努力去攀顶。

人生实苦，
你也不能认输

“日益努力，而后风生水起；

众生皆苦，你也不能认输。”

很喜欢这句话。

在自己一无所有的时候，在每个艰难的时刻，

它提醒着我们，并不是只有自己受尽委屈，每个人都在奋不顾身地努力。

01 > > > >

五月天有首歌叫《倔强》，里面有句歌词是这样的：

“逆风的方向更适合飞翔，我不怕千万人阻挡，只怕自

己投降。”

每一次听这首歌，我都会热血沸腾。

不能输，不是说不能输给别人，而是不能被别人否定。输给自己，承认自己不行，是人生最大的败笔。

从来都没有人可以轻易成功，所谓成功，不过是熬过一个又一个苦涩艰难的日子后，迸发出来的那股力量。

在黑暗中前行的人，值得敬佩，因为他必须自带光芒。

我认识一位姑娘，在事业单位做着一份朝九晚五的安稳工作，薪资福利、各方面待遇都不错，离家也很近，许多人都羡慕她的好运气。

后来，她辞职了，为了写作。别人都说她犯傻，表面上夸她勇气可嘉，人生到了这个阶段，还有勇气跳到体制外去折腾。可背地里，不少人却嘲讽着她的决定，说她出去后很快就会哭着回来。

可是，他们全错了，一个决心要做点儿事的人，最大的阻碍不是前路难行，而是不能正面迎击、寻找生机。

辞职后，她开始了全职写作的生活。

她在自己的书里写道：“我知道每个人都说我傻，放弃安稳的生活瞎折腾，可人生还那么长，总有一些心愿要自己完成。这个过程，真的很痛苦，每天需要看大量的文章，仿写不同的文风，收录各类好的题材，分析大量的数据。

“那段时间，头发掉得很厉害，一度害怕自己会变成一个秃头。但仍然每天坚持写作，摸索自己的写作风格。

“熬过了那段苦涩艰难的日子，我终于成了我。”

如今的这位姑娘，写作出书，得到各大平台的青睐，生活、事业上风生水起。

选择过不一样的人生，总要承受区别于普通人的苦，也总有人会蹦出来嘲笑你：“看，那个傻子在做一件蠢事，他一定不会成功。”

在我的认知里，这多半是羡慕，羡慕别人的人生还可以有另一番模样。

当我们和世界不一样，那就不一样，坚持对你来说，就是以刚克刚。

02 >>>>

没有谁的生活是容易的，但即使艰难，只要我们不认输，也没有什么可以阻止我们前进的脚步。

部门新入职了一位大龄男同事，今年才有了孩子。我问他为什么这么晚才要孩子，他说，现在的生活乐观些，有负担孩子成长的能力。

尽管如此，他还是没能陪在妻儿身边，为了给他们更好的生活，独自出来打拼。最早到办公室的是他，最晚离开办公室的也是他，中午总是要趁最后半小时才舍得休息会儿。无论去哪里，电脑几乎不离身，随时都可以进入工作状态。

我称他为卖命工作的超人，他永远都精力旺盛。

有一天，这位超人打趣地说："没办法，这不得努力工作嘛，身后还有一群嗷嗷待哺的人，生活总要先苦一阵子，才能尝到一点点甜。"

他说这话的前提是，投入全部精力写的方案被否定了，还被领导否定了二十遍。这么多的打压都没有把他打趴下，有人夸他心态好，一定会成功，也有人说他能力不行，迟早得离开。

可他没有向任何人抱怨，依旧努力工作。

两个人的时候，我问他："哥，我们领导要求挺高的，最近是不是很有挫败感？"

他告诉我："我现在的工作并非我擅长的领域，但是我愿意去学习，把我的短板补长。这个年纪了，公司愿意给我时间和机会让我继续成长，说实话，我还是蛮感谢的。

我不想放弃，是因为我可以做到，辛苦一点儿没关系。更何况，我是一个有家的人，不能轻易认输。”

他的回答让我十分惊讶。多数人面对这样的境况，会抱怨，会放弃，何况是有着十几年工作经验的人。被人一次次否定，他居然还能继续坚持下去，带着不服输的劲头痛击自己的短板。

邹市明在他的自传《拳力以赴》里说：“我要打倒的，是每一次被打倒的我，以及每一个怀疑。”

我突然意识到，无论身处于哪一个时段，人生总会有些艰难坎坷在等着你，那些没有把你打垮的事儿和人，只会让你越来越强大。生活总有不容易，这没什么大不了的，关键是你面对它们时的心态，是心态决定了路程的长短。

生活很苦，可谁还没苦过呢?

03 >>>>

没有人再帮你善后，你要学着像个大人那般对待生活中的窘境。

学妹给我留言：毕业后的生活有点儿艰苦，和自己设想的反差很大。

我问她："哪里让你觉得生活过得不太如意？"

她说，让她最大的不适应是，必须完成自己承担的工作，风雨无阻地去上班。

她说，以前在学校时，起不来床可以请假，可以逃课，但是现在不行，手里的事情没做完，领导不会体谅你没有吃饭，身体不舒服，他们更关注工作做完了没有。

她说，以前不用担心房租、水电费，日常生活开销也有爸妈管着，但是现在什么都要自己算计，一份工资要掰成好几份，根本攒不起来钱。

……

她说了很多，总结了一句：长大真的太苦了，生活真的不容易。

我回她："生活一直是这样子，只不过在你经济独立之前，一切都由爸妈帮你扛着，你自然不知道生活的艰苦。你已经毕业了，是个大人了，就要像一个大人一样面对生活，往后让你叫苦的事儿还多着呢，你必须提前让自己强大起来，才能更好地应付。"

看过一个很"扎心"的视频——《毕业一年，你正过着怎么样的生活》，被采访的几名学生中有人说："毕业一年，不像在生活，更像在生存；不敢生病，生了病也不敢问爸妈要钱，害怕他们担心；每天加班到深夜，安慰自己等完成了这个项目就可以好好休息了，可当你完成了这个项目，真的还会有下一个项目……”

视频里的“我们”说着生活的苦，可没有一个人愿意放弃“吃苦”、放弃受苦的人生，他们仍然怀着希望，希望明天可以过得更好。

不对生活认输，是因为他们相信生活不会亏待努力的人。

最美的愿望一定最疯狂，在你活着的地方，你是你自己的神。

人生最低谷时，更应该觉得幸福，因为无论往哪个方向努力，都是进步。

04 > > > >

长大是一个面对现实和不断吃苦的过程。你会发现生活最真的样子。它并不像童话故事那样，每一个结局都尽如人意，它的背后是一地鸡毛，它甚至会经常用重拳把你撂倒。

要想过好这一生，除了努力以外，还要学会苦中作乐，学着给自己苦涩的生活里加点儿糖，加点儿希望。

记住，你是一个大人。生活千般难，你也能抗住；人生万般苦，你也不能认输。

做一个有梦想的普通人，很酷

每一个人都是平凡的普通人。

但那些有了梦想的人，就很酷了。

01 > > > >

在国企工作了八年的姐姐，去年毅然辞职，辞职后她没有急着找工作，而是在家里休整了半年的时间。

这半年里她看完了一百多本书，购买了两门知识付费的课程，一头扎了进去，还自学了 PS，日子过得比上班的时候还要充实忙碌。

起初大家都不明白她的打算，直到过完年，她开始起早贪黑地忙碌起来，大家这才知道她蛰伏的这半年里，是在为新计划做准备。她告诉大家，她决定开一家淘宝店。

她开始起早贪黑地跑市场找货源，对比衣服款式、价格、质量，给每件衣服拍照片，认真地对待每一处细节。为了更专业，她白天钻研店铺经营，晚上精进自己的摄影和修图技能。

周边不少人劝她，电商已经进入了红利末期，网红店那么多，你的小店开不出来的，趁早放弃，好好回去上班。

姐姐笑笑，幽默地说："一口吃不成一个胖子。虽然我的店现在没有销量也没有名气，但销量名气也是一步一步做出来的，最关键的是我在做自己热爱的事情，我感觉自己很幸福。"

我特别佩服她，佩服她敢于为梦想孤注一掷的勇气，佩服她在流言四起时还能守住初心，更佩服她这么多年过去还能重拾梦想，并对梦想念念不忘。

有人说她傻，浪费时间，有人说她不值得，丢了一份好工作。但值不值得只有她的心知道，会不会开花结果，也唯有一步步走下去才会看到。

十年很长，只要敢付出，什么都有可能会改变。

一辈子很短，整日混吃等死，可能一件事也做不好。

真正的幸福感，是经历过无数次努力才能真正踏实地体会与拥有的。

02 >>>>

朋友圈里的小林，是公认的极致梦想践行者。

有朋友问他：“你怎么会有那么多时间，那么多钱，支持你去那么多地方呢？”

了解小林的人都知道，他家境贫寒，曾经考上本硕连读的医学七年制学校，但因为学费昂贵，五年本科毕业后，硕士第一年他就主动退出了硕士班。

毕业后，迫于生存压力，他开始自学网络技术，靠做网页设计和平面设计赚钱，还经常用周末开班讲 PS 和动画设计课程。

他认真努力地攒下一笔又一笔的旅费。

他说旅行就是和这个世界深入对话，看更大的世界，遇见更好的自己。

他常说：“我起点比别人低，见识比别人少，再不出发就老了，绝不能等到以后退休了，再去参加新马泰夕阳红旅游团，那样子，太对不起年轻岁月了。”

我特别认同他的看法，梦想不去实践永远都是空想。

年轻人别怕一无所有，即使失败了，顶多也只是从头再来。

03 >>>>

能够写出更多让读者产生共鸣的作品，是我的梦想，为了这个写作梦，我从不敢懈怠。

有读者给我留言：“你写了那么多的文章，真的好有才华！”

看到这样的评价时，我总是开心不起来。因为才华这种东西，是一定要靠努力才能被人看到的。要想做到一般人做不到的事情，就要付出比一般人多几倍的努力，承受一般人难以承受的辛苦。

因为人生不是电影，人生要比电影辛苦得多。

而我写过的那些文字，源源不断的灵感来源，总结起来都是我看过的书，流过的汗，吃过的苦，走过的路，看过的云，掉过的坑，受过的骗，吃过的亏，经历过的种种事情。

没有谁的成功是一蹴而就的，也没有谁的才华是一朝绽放的。你看到别人散发出的那些光芒，背后都埋着一段无人问津的辛酸岁月。

有些人活得精彩，因为他们知道为何而活；有些人死得洒脱，因为他们知道为何而死；还有一些人活得浑浑噩噩，因为他们不知道为何而活，也不知道能为何而死。

每个人至少拥有一个可坚持的爱好，一个可解析成很多小情节的大梦想，这样才知道何为坚持，找到目标并付诸努力。

也许现在的每一站都不是终点，但起码可以落脚靠站。

大部分人都有着美好的梦想，但真正有决心付诸实践的人少之又少。

其实我们每个人都拥有雕琢自己命运的能力，只要你敢去拼，去搏，去闯，去实现。

你的坚持，
不容小觑

01 >>>>

周末在家时，看姐姐手把手教她的女儿写字。还不到五岁的侄女，小手握着铅笔在四方格里一笔一画写得十分认真。尽管很努力，仍有不少笔画写得歪歪扭扭，笔数多的字一半都写在了方格外面。

“妈妈，我写得丑死了，我不想写了。”

侄女看看临摹本，又看看自己写得歪歪扭扭的字，赌气地把笔和纸丢到一旁，不愿意再练习。坐在一旁的姐姐并没有生气，把她拉到跟前说：

“宝贝，妈妈给你讲一个故事吧。

“古时候有一个书法家叫王羲之，他特别努力，为了把字练好，无论休息还是走路，心里总是想着写字，他不停地用手指头在衣襟上笔画着，时间久了，把身上的衣服都划破了。只要在池塘边练习写字，每次写完，就在池塘里洗涤笔砚，时间一久，整个池塘的水都变黑了。后来他终于成了有名的大书法家。

“宝贝，你现在写得不好，是因为你才刚刚开始练习，只要坚持下去，一定可以把字写得很漂亮。就像爷爷炖的红烧肉一样，没有一个上午的时间，是炖不好的。做任何事情都是这样，有一个过程，你要学会坚持。”

“妈妈，那我要当像王羲之那样的小孩子，把字写好。”

侄女把丢到一边的纸笔重新摆好，一笔一画地写了起来。看着侄女一脸认真的样子，我突然意识到，时间和坚持对一个人的重要性。

念书时，班里有几个同学的字写得特别漂亮，我曾向他们请教，怎么样才能写得和他们的一样漂亮，他们告诉我：“多写，多练，不要急于求成。”

“脚踏实地，持之以恒”，我按照他们的方法认真练习，时间越久，字迹真的发生了改变。

一个人的努力在当下是无法立刻体现结果的，炖一碗美味的红烧肉是这样，练字是这样，做其他任何事情都是这样。你现在取得的成就，或许是你五年、十年，甚至二十年前埋下的伏笔。

02 >>>>

人生的很多战役都是持久战，你不能总是渴望一战成名。

很多事情当下没有如愿以偿再正常不过了，因为火候还没有到啊。

我有一位朋友，吉他弹得特别好。一次去她家玩，碰巧赶上有人向她请教弹吉他的技巧，有一个指法，朋友教了很多遍，对方也试了很多次，都没有成功，他有点儿灰心丧气。

朋友说："没关系的，我从开始学习吉他到现在已经快十年了，每天坚持练习，不断练功，才能掌握现在的技巧。你才刚刚接触，只要方法没有错，坚持练习下去，不会差的。"

对方听完，急切地问："可我就想快点儿学会，我不想花那么长的时间去刻苦练习，有没有速成的方法?"

朋友回她："练功不是几天就能完成的，你只有把基本功练扎实，往后的路才更好走。我没有捷径可以教你，只有努力和坚持。”

最后，对方很失望地离开了。

这位朋友，因为吉他弹得特别好，被邀请参加过几次演出，小有名气。但是她却对我说，出名后的自己也有很大的困扰，不少人来找她学吉他，他们当中绝大部分人总想寻求速成的方法，却从不肯沉下心来真正地去努力。

“花一分的力气得十分的回报，世间从来都没有这么好的事情。我花了近十年的时间，才有现在的成就。”

成功的人总是在一步一步努力地向前走，他们从不左顾右盼，从不计较得失。多数人只能看到别人的成功，却鲜少发现别人背后咬着牙走过的艰难岁月。

有一位读者，在后台问我：“写文章时，怎么样才能充分表达自己的态度和想法?”

而我给他的回复，也不过是多读，多看，多写，滴水能把石穿透，万事功到自然成。

想做一件事，就沉下心来全力以赴。这个过程看似很漫长，有时也会让人看不到希望，你或许会感觉到枯燥无聊，甚至会被人嘲笑。

但是抛却这些，你还会有更多的收获。除了达到自己的目标之外，在这个过程里，你磨炼了自己的心性，你或许还能学会一些其他技能，你甚至能够忍受住常人所不能忍受的孤寂无聊。

这个过程看似没有什么回报给自己，但其实你走的每一步，都有回应。

你的坚持，不容小觑。

03 >>>>

感情里，太急功近利，对方是能感受到的，最好的爱情是有回应，但不急于求回报。

小帅是我微信里的一位好友，最近他喜欢上了单位的一个姑娘，追了人家很久，不仅没有成功，那位姑娘还辞职了，这让他颇为尴尬。

小帅来找我诉苦，他说："电影情节里，喜欢一个姑娘不是拼命对她好吗？我对她那么好，她为什么不答应和我在一起呢？"

于是，我问他，他怎么对她好，并让他举几个例子给我听听。

他截了不少聊天记录给我，他确实也做了不少姑娘们喜欢的事情，但从截图里不难找出姑娘不喜欢他，甚至辞职离开的原因。

因为他每做完一件事儿，都问那位姑娘：“你愿意成为我的女朋友吗？”

看完后，我问他：“你真的非常喜欢这个姑娘吗？”

他说：“我真的非常喜欢这个姑娘，可她为什么要逃离我呢？”

我想告诉他，在追女孩子这件事情上，他的问题相信每一个女孩子都不能忍受，那就是追自己的人为自己做的每一件事都带有目的性。

说实话，这样的做法在女生看来功利心太强，让人很不舒服，甚至不知道该做出什么回应。

其实，“我喜欢你”以及“多么喜欢”这两件事儿，对方都是能感受出来的。说实话，我确实不能因为你带我去看了一场电影，陪我去吃了一顿美食，或者是带我看了一场心仪的演唱会，你就可以肆无忌惮地对我说：“看，我都为你做了这么多，你就应该成全我。”

对不起，感情里没有明码标价，只有你情我愿。如果你觉得付出喜欢是一种委屈，你可以不喜欢我。

最后，我只是回复他：“有时候，付出真心也未必会得到回报，你要让对方感觉到你的真心，而不是你的用意。”

坚持对一个人好挺难的，不然怎么会有陪伴是最长情的告白之说呢？

04 >>>>

不可否认，人生仓促，我们做的每一件事都或多或少带有目的性，这是好事。目的，就是前进的动力。我们并不是提倡凡事都不求回报，而是要把“求回报”这件事，放在把事情做好的基础之上。

一锅已经炖了好久的肉，你可以期盼它出炉时的芳香四溢；弹琴的基本功已经扎实后，你可以期盼自己登上舞台，并且小有名气；已经掌握了写作的各种技巧或是深耕了一个领域以后，你可以期盼自己出书成名；陪伴一个人很久很久以后，你可以期盼自己能够和对方久久厮守下去。

只要记住，不管做什么，都不要急于求回报，因为播种和收获不在同一个季节。

中间隔着的一段时间，我们叫它：坚持。

时日久了，自然可以成。

人生很短，
不要将就着过

01 >>>>

公众号后台有位姑娘留言，她说：“姑娘一旦过了二十五岁，在小县城里真的算得上是大龄女青年了。环顾身边的同龄人，差不多都结婚生子了，逢年过节亲戚朋友也不再关注你在哪里工作，薪资多少，而是会问有男朋友没，准备结婚没。”

有时候真的很烦恼，他们总是说：“你别太挑了，差不多就行，毕竟上了岁数。”

她说，虽然现在已经习惯了一个人，但是偶尔也会很羡慕两个人的生活。可是感情这东西是无论如何都将就不来的。

年前我收到了一张好朋友的结婚请柬，婚期就定在年后的三月。我开玩笑责怪她隐藏太深，连谈恋爱的消息都没跟我们讲过。

没想到她叹了口气告诉我：“年纪到了，家里给介绍的，见过几次面，人还行，差不多就结了。”

不知道为什么，“差不多”这样的话，好像越来越频繁地出现在人们的耳朵里。

上周我下班回家，在小区里遇见了隔壁楼的阿姨，她问我：“闺女，你快结婚了吗？”

我说还没。

她先是问了我的年龄和生肖，然后好心劝我说：“结婚这个事儿啊，差不多就行了。日子和谁过都一样。”

我先是愣了一下，然后看着对面的阿姨，尴尬地不知道该怎么回答，最后只能礼貌地笑笑。

即使过年就要二十六岁的我，依然坚定地认为，只有该结婚的感情，没有该结婚的年龄。

因为没有情感做依托的婚姻，根本经不起一点儿波澜。

02 >>>>

总是觉得“差不多”就行了，何必较真。却不知道我们在日复一日的“差不多”里越陷越深。

之前看过一组公式：

1.01^365 = 37.78

0.99^365 = 0.0255

每天努力一点点，一年下来你会收获丰厚；每天将就一点点，一年下来你连初始值都达不到。

所以你看，其实“差不多”的人生，真的会差很多。

昨天我和朋友在微信上聊起来，她还是老样子，上三休一，在服装店做着一份导购的工作，薪资不高，活也不多。

我问她最近怎么样，她跟我说：“差不多吧，和以前一样，不好不坏的。”

公司最近接了新的项目，同部门的同事熬夜找数据做PPT。第二天上班我问他做得怎么样了，他告诉我说：“昨天困得不行，拿之前的那一版随便改了改，差不多就行了。”

就连过年的时候，我问起正在读大四的学妹工作找得怎么样了，毕业后有什么打算。

学妹给我的回答都是：“差不多吧，简历投了很多份，面试也去了好几次，先找一个差不多的工作干着吧，后面慢慢再考虑。”

这让我不禁哑然：有些人永远也飞不起来，不是因为缺少飞的条件，而是自己已经习惯了这种将就着的生活。

倘若心中愿意，道路千千条；倘若心中不愿意，理由万万个。

03 >>>>

年轻时，我们会为了多考一分拼尽全力；我们会为了自己心爱的姑娘早起，只要能够和她偶遇，哪怕会绕好远的路；我们会为了自己心中的梦想全力以赴，哪怕跌得头破血流。

我们不允许自己有一点点将就，哪怕是一个没有写得那么漂亮的字，都要擦掉重新写，直到自己满意为止。

可是现在，“差不多就行了”这句话，却被我们运用得越来越娴熟。

刚听到的时候，觉得好像每个人都过得不错，大家都有着相差无几的生活，谈着说得过去的爱情，做着一份不算太差的工作，安分守己，慢慢老去。

但其实好像每个人，都只是过得不太狼狈而已，不狼狈，可也不满意、不快乐。其实“差不多”是一个比期望值低很多的平均值。

是你明明想要和一个很爱很爱的人结婚，却决定放弃等对方出现，安慰自己和谁过都一样；是你明明很想辞掉这份永远不会有提升的工作，却又舍不得它的稳定凑合着，日复一日地挥霍时间。

是你明明能把一件事情做到出色，但是你只选择用三分力，告诉自己做到六十分就行；是你心里明明还有梦想和冲动，却强迫自己丢掉勇气，选择做一个稳妥的普通人。

04 >>>>

有人说我明明只有二十五岁，却活得像是五十二岁，早就没有了年轻人该有的样子，唯唯诺诺，任命运宰割。

身边越来越多的年轻人在用“差不多的人生”来给自己一个交代。很多人抱怨人生，但也常常一边抱怨，一边继续生活；一边不快乐，一边劝告自己人生本就如此。

这种“差不多”的安逸会让人忘记人生还能拼一拼，

忘记重新开始努力一把，日子就会变得不一样。

刘媛媛在《超级演说家》里说过这样一段话，她说："一个没有把百酒都尝遍的人，他是不大懂得清水之味的。一个一辈子都安分守已不敢'越界'的人，他从来也不曾拥有一个精彩丰富的人生。"

所以从现在开始，别再给自己的人生设限，别再将就着做一份不怎么样的工作，谈一段寡淡无味的恋爱，别再将就着过完这一生。

从现在开始，你不可以再用"差不多"来安慰自己，你要用"精彩"来形容你的生活，用"值得"来形容你的爱情和人生。

总要学会一个人与生活对抗

摔倒并不可怕，你只要爬起来，拍掉身上的泥土，照样可以往前走。

01 >>>>

每一次摔倒后，首先要想想怎么爬起来会比较优雅。

听过一句很“扎心”的话：“小时候摔了一跤，第一反应是哭，因为知道身边有人可以依靠；长大后，无论面对多么难堪的处境，无论摔得有多疼，都得忍住眼泪，然后拍拍身上的尘土，爬起来继续向前走。”

这就是成年人的生活，这就是长大后的人生。

小雅是单位新来的实习生，九六年的姑娘，她常挂在嘴边的一句话是："人生需要开挂。"

在我的印象里，这位"不恋家"的小雅姑娘，无论是经营主业还是副业都特别拼命。作为总经理的秘书，她衣着得体，举止优雅，时刻拿高要求高标准严格要求自己。对于她在为人处世上显示出的老成，哪怕是工作好几年的前辈也竖起大拇指夸赞。

对于自己的副业，她也毫不含糊。她的另一个身份是美妆博主，也有不少的粉丝，她总是能够与粉丝保持着友好的互动，在解答粉丝问题之余，也能卖出不少的美妆产品，按照她的说法，这样既帮助了他人又帮助了自己。

在常人的眼里，她的日子已经过得顺风顺水，红红火火。

02 >>>>

即使再强大的人，在生病的时候，也是最为脆弱，最为孤单想家的。

一日，我来找总经理签字，发现小雅没在座位上，问起她的同事才知道她请假了，心想：平日里这么拼命的姑娘，居然也会有请假的时候。

下班回到宿舍时，看到对面小雅房间的灯亮着，随手敲门发现门没有关，推门而入，看到小雅把整个人捂在被窝里，状况像是发烧。我问她有没有吃过晚饭，她挣扎着爬起来，指着桌上半碗粥说没有胃口。

我打了水来，拧了条热毛巾让她敷上，这个平日里特别要强的姑娘，此刻终于变回了她这个年龄该有的模样，安静、柔和、温顺。

她告诉我说，今天妈妈给她打电话，但是她没敢接，她怕自己忍不住哭，又怕妈妈听见自己哭心里担心，所以只给妈妈回了一条“正在吃饭呢”就索性关机了。

其实，在长大的过程里，我们都这样。

小时候，我们什么都想跟爸妈分享。新交到的朋友，老师奖励给自己的小红花，放学路上那只拦路的小狗，书本里学到的每一个知识。这些都是我们和爸妈交流的话题。

渐渐长大了，我们开始选择性地避开一些话题。对谁萌生出的情绪，模拟考试没有考好的原因，以及那位已经消失了好久的好朋友，这些都成了我们和爸妈之间的秘密。

从那个时候开始，我们已经尝到了人生的孤独。

长大后，我们开始报喜不报忧，甚至会很久不跟父母联系，因为每次一开口他们都会问起我们的近况，而我们哪怕当下过得再苦，都会笑着回应说："过得挺不错，别担心。"

长大，就是一个把哭声调成静音的过程。

03 >>>>

很多人从高中开始离家住宿，从那个时候开始我们就已经是独立的个人了。

小雅告诉我，高中开始她就离开家，学着一个人生活，那个时候的她在南方，家在北方，大学也是在南方读完，毕业后选择留在这座繁华的城市工作。大学那会儿寒暑假都不回家，不是攒假出去旅游，就是找各种实习让自己提前增值。

算算，这么多年下来，和父母相处的时光，真的挺少的。

"那你的朋友呢？"

她说："路上的朋友比生活的朋友多。走在路上，谁也不认识谁，你帮我一把，我拉你一下，一个人的旅程就变得不再那么艰难了。"

她在路上认识了不少"驴友"，但这些所谓的"驴友"

又都在路上和她走散。现实中的朋友又与她日渐远离，留下来的知心朋友真的不多。

她说："很多优秀的人其实没空和别人做朋友，而那些没自己优秀的人，又整日忙着嫉妒你，不能好好和你做朋友，所以我想让自己变得很优秀，这样没朋友就很正常。我其实还是想要有朋友的，像生病的时候，还会有人牵挂你有没有吃饭。"

可是，我们的人生里总会有一段别人缺席的时光，我们暗自和这个社会较劲，逼迫着自己努力向上。很多时候，我们不是怕被朋友知道自己过得有多不容易，而是让朋友误以为我们就这么轻而易举地成功了。

成功后，有些朋友会离你而去，这是真的。

04 >>>>

她跟我说起曾经的一个好友，她们一起到处旅游，拍好看的照片，吃诱人的美食，那时候的她们每一次出行都管家里要钱。后来她开始经营自己的副业，渐渐有了能够支撑自己旅游的费用，于是她们出去经常变成她一个人付钱，再后来就没有后来了。

最后一次闹掰是大二的暑假，对方又一次规划了长途旅行，而她选择进单位实习，于是她们僵持了两个礼拜，大吵了一架，好朋友变成了陌路人。

人这一生里，总有一些时光是自己陪伴自己走过的，总有人会缺席，你要习惯和自己做伴，为自己加油鼓劲。

Part3

把每一天活成
自己的良辰

所有与困难的较量，实际都是与自己的较量

未来不仅仅是明天，未来在人的心中。

只要心中有未来，人就会幸福。

01 >>>>

不是所有努力最后都会成功，但至少努力活着能让人看到一点儿未来的希望。

朋友分享了一篇知乎上点赞很高的文章给我，他说：“看完文中主人公对生命的描述，我热泪盈眶。”

我看完文章，不仅仅被朴实无华的文字打动，也被文

中那个敢于直面生命中的挫折的男孩深深打动。

男孩在很小的时候就患了重病，二十年来，男孩的父母每年都会收到很多封医院下的病危通知书。男孩说，每次医生说上天要收回他的生命时，他就会在病床上努力睁开眼睛叫妈妈。

“妈妈，我还活着。”

医生说他活不过五岁，可他成功过了十岁的生日；医生又说他活不过十五岁，可他又撑过了十五岁的生日；最后一次，医生说他活不过二十岁，可二十岁生日时，他还躺在病床上，用手机给自己淘着生日礼物。

上帝给他下了很多次死亡的审判，可他每一次都和死神较劲，顽强地活了下来。

他没有上过学，可他热爱写作，他写过很多很多的文字，他希望有一天他的每一个字都可以变成铅字，印在纸上，给那些同样身处病痛的人带去些希望。

他一直坚持写作，病危的时候也没有放下。

岁月苛待他，让他承受了不该承受的苦与痛，但是他从未想过与命运妥协，哪怕全身的器官一日日萎缩，哪怕躺在病床上的时间越来越多、越来越长，他仍然坚持用键盘敲下他的梦想。

“我一直有梦想，让我坚持活下去的梦想。”

有人问他：“父母有没有谈过你的将来？你对未来有什么设想和憧憬？”

他说：“我们共同的设想就是过好每一天，想做什么就去做，不要寄希望于未来。”

看完，泪目。

再微弱的脊背，背上了梦想，也让命运敬畏。

02 >>>>

你我都明白，这从来都不是个公平的世界。人们的起点不同，路径不同，遭遇不同，命运不同。有人认命，有人顺命，有人抗命，有人玩命，希望和失望交错而生，倏尔一生。

是啊，不是所有的忍耐都会苦尽甘来，不是所有的努力都会换来成功。他人随随便便就能获得的，于你而言或许只是个梦。

可是，谁说你无权做梦？

大冰在《乖，摸摸头》里写过这样一个场景：“次日午后，他们辞行，没走多远，背后追来满脸通红的老妪。

她孩子一样嗫嚅半晌，一句话方问出口：‘你们这些唱歌的人，都是靠什么活着的？’”

这个一生无缘踏出茫茫荒野的老人，鼓起全部的勇气发问。

她替已然年迈的自己问，替曾经年轻的自己问。

紧张的、疑惑的、胆怯的，仿佛问了一句多么大逆不道的话。

三五个汉子立在毒辣的日头底下，沉默不语，泪滴横流。

老人慌了，摆着手说：“不哭不哭，好孩子……我不问了，不问了。”

大多数人都认为唱民谣的人很酷，唱着随性的歌词，过着散漫的人生。但其实，他们过得真的很苦，他们没有固定的收入，没有固定的住所，他们用人生作词，拿命运入曲。

一词一曲皆是他们人生的写照，他们靠什么活着？无非世人口中的梦想！

民谣歌手周云蓬在他的《绿皮火车》里写，为了生计他也赶场，有时台下不过寥寥几个人，甚至多数人都不知道自己的名字，可自己仍然可以对着话筒唱得酣畅淋漓，然后领着便宜的盒饭吃得心满意足。

那个唱着《理想》的赵雷也是这样。在未出名之前，他在拉萨的街头唱了多少无人问津的歌曲，年轻时的他和自己暗自较劲，他说："有一天，我的理想一定不再是理想。"

嗯，让理想不再成为空想，是多少人攒着勇气往前走下去的信仰。

一定要用力地活下去，因为有美好的人生在等着你。

03 >>>>

学会和自己的人生较劲，你才能收获更广阔的天地。

对于大多数人来说，活在当下永远比进入新生活更加舒适。新的环境可能会让人紧张，新的生活可能会让人束手无措，但依旧有很多人跳出现在的生活，走向了新生活。

姐姐辞职了。

她今年三十一岁，已经在国企单位上班六年了。如果没有辞职，现在的她可以拿着可观的薪水，过着朝九晚五、安稳的、让人羡慕的日子。

逆旅会让人生出勇气来，顺风顺水的人生有时也会让人感到疲累。

她很迅速地办完了离职手续，把手里的各项工作妥善地交接给了别人，然后踏入了新的生活。

走之前，她请单位的同事吃了顿散伙饭。席间，不少同事问她是不是找到了更好的东家，也有不少同事说她出去后很难再找到如此安稳的工作。

可是姐姐却这样说：活到三十岁，还未真正为自己活过一次，我该和这样的生活较量较量。

辞职后的姐姐，重新捧起专业书，寻找人生的方向。她把那些过往取得的成绩，安稳的生活，他人的规劝和嘲笑统统抛在脑后。

明明是三十几岁已经成家的人了，她却仍然可以开启二十几岁的人生，不为眼前的生活所累，活出自己人生该有的样子，我真的觉得挺酷的。

她说："我眼前最大的问题便是活得太安逸了。这让我忘了身处困境时是什么滋味。我必须让自己时刻保持战斗的状态，这样才能更好地迎接未来的生活。"

没有脚踏实地建立起来的东西，就无法支撑精神和物质上的需求。

04 >>>>

大地的身体里埋着一颗迟迟不肯发芽的种子。

大地问种子："你为何迟迟不肯发芽?"

种子回答说："因为我的头上压着一块沉沉的石头。"

春雷打响时，大地劝这颗种子趁着春雨的滋润撑破自己，种子拒绝；夏日雷声滚滚时，大地劝种子趁风水足，抓紧发芽，种子拒绝；秋意凉凉时，大地劝种子抓住最后的机会，种子望望头上的岩石，告诉大地，自己甘愿一直做一颗种子，大地叹了口气；冬雪来了，覆盖了整个大地，种子僵在冰冷的石下过冬，期盼着春天的来临。

终于，漫长的冬天过去了，春天来了。

可是，种子在冬雪消散的时日里，腐烂了。

它死掉了。

不是远离危险，而是远离安全，活得安逸就是危险

每个人都有一个舒适区，在里面待久了，会生锈。

01 > > > >

听过一句话：土壤越丰富，耕耘的失败就越不可原谅。

小时候，隔壁阿公家移植了一棵桃树苗，阿公照顾得很精细，生怕它长不好，把它照顾得十分周到。

对比一棵遭风吹雨淋的大树，这棵桃树活得太舒服了。阿公定时为它修剪枝丫，除草施肥，一年年过去了，这棵桃树苗长得枝繁叶茂，越来越好。

阿公花费心血照顾它，盼着它长大结果，可一年年过去到了该收获的时候，这棵桃树却枯萎了，不是它长得不够好，而是它不会结桃子了。

阿公不相信，又等了它几年，迟迟没有结果。于是有一天，阿公站在它面前，叹息着将它砍倒。

它忘记了无论生长在哪里，自己都是一棵果树，能够体现自己最终价值的就是产值，没有产值就没有任何存在的意义。

后来，阿公又移栽了一棵，任凭它遭受风吹雨淋，只是偶尔给它除除草、施施肥，它的果实却长得格外多。这让阿公笑得合不拢嘴。

同样是果树，为什么照顾得越好，反而收获越少呢？因为它活得太舒适，所以它忘了自己还需要结果子这件事情。

其实土壤越丰富，耕种失败的可能性就越大，甚至夭折。我们总是佩服那些生长在悬崖边、夹缝中的小花小草，佩服它们面对逆境的勇气。

为什么它们能够逆境翻盘呢？那些悬崖峭壁是何等的危险！正因为它们明白时下的环境是如何的艰险困难，才不放过任何一次成长的机会。

对于生长在逆境中的小花小草来说，真的可以“给点儿阳光就灿烂”，它们已经默默积蓄了太久、太多的力量，它们只要有一点点机会，就可以让生命绽放。

所以，你看，在逆境中生长的植物，它们更懂得资源的可贵性、机会的宝贵性。

02 >>>>

生活就像是温水煮青蛙，越有危险意识的人，才越有生存下去的可能。

听过最“扎心”的一条新闻是：人过中年，什么都不会，却面临公司裁员。每当这个时候，总有人可以淡定从容地寻找新单位，甚至工资比当下更高。也有人会哭天抢地，如临大敌，甚至拿生命作为威胁，以留住一个薪水平平的职位。

每当听到这些新闻时，我都很震惊，裁员对于员工来说是冰火两重天的局面。“我什么都不会，我出去还能干什么？”我一直对这一类人存在偏见，你明明在某个岗位上工作了几年，十几年，却什么都没有沉淀下来，多么可怕。

我一直很佩服一类人，他们往往有一个共同性——危机意识特别强。

危机意识让他们有防备意识和战斗意识，无论在哪家公司，什么岗位上，他们从不放弃持续提升自己的价值。

毕业时，老一辈人给出的建议是去考公务员或者事业编制，因为在他们眼里这是一份安稳的工作，安稳意味着你不用花大的力气去争取，不用面临被淘汰。

每一个人的选择是没有对错的，人们选择的是一种生活模式，你想要安稳的工作无可厚非，但你也必须要承担它带来的某些后果。

如果你有能力进入体制内，那么这确实是一份保障。但如果你没有进入体制内的机会和能力，你就时刻需要保持学习的能力，更新你的知识和技能，你才能在这个社会上有竞争力。

你曾经是企业需要的人，可后来你变成了需要企业照料的人。这个转变，可能只需要短短几年的时间，这个社会的更新变化是飞速的。不要妄想依靠一项技能就能高枕无忧，这是不安全、不牢靠的，除非你的技能过硬。

不要心安理得地接受平庸的自己，不要觉得眼前的生活、工作还不错就不去努力，假如你抱有这种想法，那么你已经走在下坡路上了。

03 >>>>

人生是一场考试，要随时让自己有危机意识，才能拿到一个高分数。

念书时，我最喜欢考试，因为考试是检验学习最好的一种方式。总结这么多年的考试经验，我惊讶地发现，每当我处于相对兴奋紧张的处境时，成绩往往要比从容淡定时考出的要好。

这是为什么呢？从小到大，老师和家长都会对我们说考试不要紧张，要稳重。可实践告诉我，一定程度的紧张和兴奋是必要的，重要的是把握好兴奋和紧张的度。

为什么说适度的紧张和兴奋是必要的？因为在这样的处境下，那些平时怎么样都记不下来的公式和词句更容易被记住，逻辑思维也更灵活，因此拿到的分数也会高一些。

有人说“不作死就不会死”，可我更相信“不作死就不会活”，人生在世不能一味追求安稳，也要有点儿危机意识，折腾一下。

我有一位同事，在某一个岗位上兢兢业业工作了五年，可在升职加薪的关键时刻，她却选择了转型，去了一家完全不同的行业，找了一个截然不同的工作，然后从头开始。

在新单位、新岗位重新摸索，三年后她再次选择转行，工资涨了三倍。人人都很羡慕她，羡慕她的机遇，可是谁也不知道，她现在的工作能力，来源于前两份工作的沉淀。

她说：“如果在一个岗位上继续做下去，我顶多成为一个专业人员，却无法有更高的成就，所以要在还有能力转型的阶段里，多学习。”

如今，在新的领域里，她做得风生水起。

04 >>>>

之前在微博上刷到过这样一句话：这个时代，已经到了搬砖都要试试你臂力的时候了。

这个社会，除了关系只剩能力，社会不会因为你没有竞争力而同情你，你要随时保持危机意识。

别荒废，年轻人，说不定下一个打包走人的会是你；

加加油，年轻人，指不定下一个升职加薪的就是你。

最高级的聪明，
是懂得如何在困境中借力

01 >>>>

朋友紫帆今年刚毕业，父母托关系在大城市里替她找了一份相当不错的工作。有一天，她突然打电话向我哭诉，说她被单位领导辞退了。

我心里纳闷，回想起她曾说过毕业后要闯出一番自己的事业，一定要出人头地，虽然工作是父母帮忙找的，但是她也做得很努力。

一番哭诉下来才知道，原来单位谈下了一个大客户，项目的订单需求量非常大，为了能够按时出货，领导要求大家主动配合加班。

可加班到第三天晚上，紫帆就受不了了，哭着回家向父母抱怨，说公司压榨员工，一直不停地加班。出于对女儿的“爱护”和“心疼”，父母就到公司找领导理论了一番，场面十分尴尬。

父母来过公司后，领导找紫帆：“你也是成年人了，工作哪有不辛苦的，为了拿下这个订单，每个人都在努力，你却还像个小孩子似的回家找父母告状，我不是你的老师，没有义务教育你和原谅你，我想我们公司不需要你这样的‘特殊’人才。”

成年人的世界里从来都没有“容易”两个字。

从小到大，她的父母一直为她“遮风挡雨”，从穿衣、吃饭到离家上学，她的父母都一一为她考虑周全。

但人到了一定的年龄，自己就是自己的屋檐，要学会为自己遮风挡雨。她忘记了，一个人活在这个世界上，除了工作能力外还要有抗压能力。

这个时代的年轻人，最缺的就是抗压能力。正是因为缺乏抗压能力，才会有那么多受不了领导和公司制度的年轻人频繁跳槽，甚至有越来越多的人选择轻生。

02 >>>>

一个人最应该培养的是抗压的能力。

丹扬是我认识的姑娘中，既懂事又坚强的那个。

那年，新生开学，作为学生会主席的我，肩负起接待新手的重任。新生接待会上，我认识了她，她给我的感觉很阳光，脸上始终挂着一抹微笑。

毕业后，交完房租的丹扬数着自己手里所剩不多的钱，规划着自己未来的路，父母知道了她的境况后往她的卡里打钱，可她却一分都没有花。

她找到了一份销售的工作，底薪虽然不高，但有提成可以拿，一切都靠业绩说话。丹扬很努力，一边努力学习销售的技巧，一边不断寻找销售途径。通过自己的努力，她拉到了第一笔订单，得到了上司的赞赏，与此同时也得到了上司的栽培。

职场如战场，这句话说得一点儿也没有错，因为一次意外的疏忽，丹扬丢失了一个很大的客户，遭到了领导的谴责。为了挽回这个订单，她熬夜做方案，白天不停地跑业务，没日没夜地努力，最终努力没有白费。

她其实一点儿都不害怕失败，失败挺好的，让她明白自己哪里还可以弥补，让她知道自己为了工作可以拼命到什么程度。

有时候，一帆风顺的人生反而是一种退步，你总要摔上几回，才能明白人生的路应该怎么走。

03 >>>>

子涵是我最好的朋友。2014 年大学毕业的她，没有回到家乡，她拒绝了父母安排的“安稳”的工作，而是执意留在北京。

在寸土寸金的北京，子涵只能租在地下室里，她每天努力地出去找工作，可没有工作经验也没有背景的她，处处碰壁。

刘媛媛在《超级演说家》里说：“刘媛媛，在这个偌大的北京你一无所有，你有的只是你自己，你要用你的双手单枪匹马地在这个社会上杀出一条血路来。”

每一个北漂的人除了心中的一份梦想外，多多少少都有一份嗜血的狼性，不达目的誓不罢休。

子涵在北京找了一份设计师助理的工作，虽然薪资不高，可是能学到很多东西。她每一天都过得很充实，每天回到那个小小的出租屋里，她总会为自己加油打气，和自己说迟早有一天能在北京杀出一条属于自己的路。

她带着一份对未来、对梦想、对北京的执念，迎头而上。吃过了很多很多的苦，体验过很多很多的心酸以后，才有了如今的她。

小有成绩的她对我说，自己也有撑不下去的时候，特别委屈难过的时候就会想家，也会萌生打包回家的念头，但只要一想到自己还没有实现的目标，想想这个随时都可能圆梦的北京，瞬间就会热血沸腾。

每一个热血青年，只要还有力气，就要拼尽全力去成全自己。

04 >>>>

一路走来，有帮助你的人，也有打击你的人。不管遇到哪种人，都要相信这是你变优秀路上的“帮手”。帮你的人和打击你的人都会让你进步，让你变得更好。

经常有人在朋友圈无病呻吟，喜欢抱怨，总是向微信里的人诉说自己的坏情绪。快乐是会传染的，同样坏情绪也会。

每个人都有一段被“任性”操控的时间，经常迷茫、孤独、意志不坚定，容易被别人说的话左右，特别容易情绪化。

人的重要能力之一就是学会控制情绪，情绪化就好比慢性毒药，不断地摧毁你积极向上的激情。

长大后的你，没必要向全世界宣告你的喜怒哀乐。没有收拾残局的能力，就不要放纵自己的情绪，不动声色才是大人该有的模样，而真正厉害的人，对于自己的过往经历也总是轻描淡写。

经历多了你会发现，那些曾经你觉得是大事的，回过头看看却是微不足道了。

你现在对待自己的方式里，藏着你未来生活的样子

我不知道感觉到幸福是因为自己一直温柔地对待这个世界，还是因为自己一直幸运地被这个世界温柔相待。

01 >>>>

生活反复地告诉我们，我们要先学会照顾自己，才能更好地照顾他人，成为家人和朋友的依赖。

相亲节目《百里挑一》里，有一位姑娘给我的印象特别深刻。她说不太会照顾自己，来上这个节目，主要是想找一位体贴又懂生活的男生。

她说，因为平时饮食和休息时间不规律，身体会有一些小毛病，所以想要找一个人在生活上照顾自己。

姑娘长得很漂亮，身材也很高挑。从姑娘的自我介绍里，可以了解到她不仅工作不错，还多才多艺，但就是这样一位在我们看来完美的姑娘，很多男嘉宾却都选择了放弃。

究其原因，主持人很不理解，在后台问起男嘉宾："你放弃她的理由难道真的是因为她不太会照顾人吗？"

这时，男嘉宾认真地说："是的，她真的很优秀，也很吸引我。但我还是选择放弃她，是因为她对待自己生活的态度。一个连自己都不愿意花时间照顾的人，让我不太敢相信今后她可以把一个家庭打理得井井有条。"

是的，一个人她现在怎么样，未来也不会有太大的改变。因为一个人现在对待自己的方式里，藏着她未来生活的样子。

不得不承认，生活中我们被许多事情牵绊，让我们不能很好地留出时间去照顾自己，享受生活带来的惬意：来不及完成的策划，安排好的会议，上周遗留下来的工作汇报，以及已经挂了很久的牙医的号。

这些许许多多未完成的事情，一点一点挤压着我们的时间。在早饭的时间里挤一点儿时间完成策划；在中饭的时间里挤一点儿时间提前准备会议；在晚饭的时间里挤一点儿时间向领导做一个汇报；在周末的睡梦中挤一点儿时间去看牙医。

说真的，你也许在事业上很能干，但你在生活上也许很失败。

你想做一个失败的人吗？如果不想，那就从今天起，好好善待自己，因为每一个人都在与生活苦战，每一个人都必须学会照顾自己，未来才能更好地照顾另一半，经营一段婚姻，撑起一个家庭。

02 >>>>

朋友最近向我吐露心事，父母和三姑六婆如火如荼地帮她安排相亲宴。场面经常是，两个不同的家庭围桌而坐，彼此不断夸着自己的孩子有多优秀。末了，父母总是起哄着让两个人加个微信。

每一次相亲都进行得很顺利，见面聊完，加微信，回去继续聊。

她接受父母的安排，只是不想拒绝父母的苦心，但其实也不想将就自己。面对感情，她一直有自己的追求。

她说："认识一个人，我会先了解他对待自己生活的态度，如果他不能负责地对待自己，如何能相信他能真正用心地对待未来和婚姻呢。"

生活已经那么不容易，我不能将就自己，更不能将就爱情。我们真正要学会的事情是善待自己，只有这样，才不辜负长久以来只身与这个世界斗争的勇气，未来才能活成自己想要的样子。

说起这位朋友，她其实特别会照顾自己。

经典影片《蒂凡尼的早餐》里有个镜头很撩人，奥黛丽·赫本穿着黑色小礼服，站在蒂凡尼精美的橱窗前，细嚼慢咽地品尝着早餐。

她对待生活同样精致。在朋友们点外卖的技巧越来越熟练时，她已经在业余时间学会了烹饪美食，她会沉浸在厨房里，哪怕只为自己精心制作一顿早饭。

她说："生活最重要的是照管好自己的胃，因为你不照顾好它，它会跟你闹脾气，那你总要抽出时间去医院。"

每一年她都会为自己安排一次长途旅游，认识一些新的朋友，留下许多不同地方的鲜活记忆。

不管是爱情上，还是生活中，朋友对待自己的这种态度，都挺让人羡慕的。我们常说，要学会在什么样的年纪做什么样的事情。

但其实，无论在什么样的年纪，我们都不要苛责自己去做一些事情。

当爱情缺席的时候，学着过自己的生活。过自己的生活，就是跟自己谈恋爱，把自己当成自己的情人那样，好好宠自己。

即使现在你也一样被安排许多的相亲宴，也请你保持平静的心态。这个世界从不亏欠每一个真正努力的人，当你尽力活出自己的样子时，生活自然会温柔待你。

03 >>>>

在某一次闲逛的时候，注意到一家书店很特别，名叫“伯克书店”。

店里装潢布置处处都很文艺，进去的时候，有一只猫咪正窝在它的猫爬架上午睡，店员很热情地招呼我。

我有一种相见恨晚的感觉，这里有着浓浓的“人情味”。寻一处静谧的角落，点一壶清茶，哪怕坐上一天，也不会有人来打扰你，你是绝对自由和轻松的。

在摆满书架和桌椅的两层楼空间里，到处都经过了精心布置和装饰。吧台、地板泛着暖暖的光，柔和温馨；浅色的木纹书架上整齐地摆放着图书以及富有创意的装饰品，而你可以随意翻阅任何一本书。

久了以后，我才知道原来“温莎”是店里收养的流浪猫，而这家店的主人也有着让人惊叹的人生。

“用‘伯克’这个名字，源于英国的最高文学奖‘Booker’。”书店的主人说，她相信，每个爱书的人心中应该都有个文学梦。

和独具特色的伯克书店一样，书店主人的经历同样令人惊叹。从伦敦大学毕业回国后，她曾在宁波、北京等多个城市工作，但是她最终还是放弃高薪待遇，回到了这个小镇。

她说开一家属于自己的书店，是一直以来的梦想。她说，在开店之前，自己去过很多地方取经——南京的先锋书店、苏州的猫的天空之城、深圳的西西弗书店、杭州的晓风书屋。

她说，这些书店各有各的灵魂，而且俨然成为代表各自城市的文化地标，散发着浓厚的文艺气息。

“我更多的是把这个店当成了一件作品，连装修设计都是我做的。”她说，总会有一些真正爱书的人，更愿意享受手捧书香的乐趣。

她确实做到了梦想的初衷，这里能让人放缓节奏，暂时忘掉烦恼。

我想这大概就是一个人对待自己梦想的态度吧，千帆看尽以后回归本心。以往的种种经历和体验，只不过是为自己想要的生活做一个伏笔和铺垫。

你要相信，每一个超人的前身都只是一个平凡人；你要相信，每一个平凡人只要认真地对待现在，未来就能穿上战衣，所向披靡。

04 >>>>

无论你现在是一个人，两个人，还是一群人；无论你现在是失业还是就业；无论你现在是在家乡，还是在他乡；无论你现在正奋斗在生命的哪一个阶段。你始终要相信，命运是可以牢牢掌握在自己手里的。

安妮宝贝的《眠空》里有这样一个场景：“一些年后，我要跟你去山下人迹稀少的小镇生活。清晨爬到高山巅顶，下山去集市买蔬菜水果、烹煮打扫。午后读一本书，晚上在杏花树下喝酒，聊天，直到月色和露水清凉。在梦中，行至岩凤尾蕨茂盛的空空山谷，鸟声清脆，一起在树下疲累而眠。醒来时，我尚年少，你未老。”

未来还未来，一切尚有可能改变。

人生是一步步变好的

要像一个蘑菇一样，默默积蓄着成长的力量，总有一日能遇见你的浪漫阳光。

01 >>>>

朋友燕子 MBA 考试失利后，心情低落了很久。我特别能理解她此刻的心情，失落，有点儿丧气，自我质疑。

这半年里，我真真切切地看到了她的努力。她不追剧、不休息、熬夜晚睡只是为了多背几道题目；她挤出时间报课程，认真地做笔记，反复练习，认真的程度不亚于一个高考生；她甚至已经推掉了一切的社交和娱乐，只为了给自己留够时间做准备。

她这么努力，命运仍然让她与成功失之交臂。

我跟她说："没事的，人生啊，总有起起落落的时候，有时它就爱搞一些'恶作剧'，偶尔向你扔一颗石子，让你疼痛。偶尔设置一道障碍让你摔倒。别理会它，继续提起行囊往前走。"

生活有时候就是这样，当你投入了全部的热情和精力后，期待能有一个让人满意的结果，可结局总是不尽如人意，如果你在这时懊恼、失落，甚至放弃，那你刚好中了生活的圈套。

你要明白，失利才是人生的常态，也是成功的垫脚石，所以啊，你要努力，但别着急，你要一步步走，走得稳妥且坚定。

命运从不偏袒任何人，却一定垂怜认真生活的人。你做三四月的事，在八九月自有答案。努力一点儿，阳光一点儿，早晚有一天，你会惊艳了时光，既无人能替，又光芒万丈。

02 >>>>

朋友圈里有一个卖水果的姑娘，第一次认识她是通过她的文字，她的文字真挚有力，当时我就在想，能写这样文字的姑娘，她的生活一定过得顺遂而幸福。

再一次注意到她，是她开始在朋友圈里卖水果，图片都很漂亮，文字也很走心。某一次深夜，刷到她的消息，忍不住发馋，就点开对话框问她："嗨，睡了吗？这个水果怎么卖？"

没想到下一秒她就回复了我，还贴心教我怎么选价格最优惠划算，这真是一个热心的姑娘，我付了款，她说会马上安排发货。

我问她："怎么卖起水果来了？"

她说，想要自己的生活再好点儿，想给自己更多的安全感。

话题就这样被拉扯开去，我才知道原来这样美好的姑娘的生活也不是一帆风顺，她还说刚刚跟男朋友分手，对方嫌弃自己家境不够好。

以前我觉得安全感是爱人秒回的信息，现在我越来越觉得真正的安全感是自己的口袋有钱，是履历漂亮，是自身人格独立，是精神世界富足，是爱情来时我真诚对待，爱情走时我依然可以做自己的依靠，依然勇敢并且温柔。

姑娘，在困境的生活中，你要忍，忍到春暖花开；你要走，走到灯火通明；你要看过世界的辽阔，再评判是好是坏；你要铆足劲变好，再站在不敢想象的人身边，与之旗鼓相当；你要变成想象中的样子，这件事，一步都不能让。

03 >>>>

人生之路，并非一步两步可以走完，它是一个漫长而复杂的过程，在这个过程里，你要摸索，你会摔倒，你要经历坎坷，你也会走上坦途，你要像一个蘑菇一样，默默积蓄着成长的力量，你要相信总有一日能遇见你的浪漫阳光。

微博上曾看到过这样一段话：有人说，从出发到这里，走了那么远，可以了；有人说，从昨天到今天，走得这么快，很好了；有人说，一条注定充满挑战的路，为什么要走；有人说，一条没人走过的路，为什么敢走。

路因为脚步才会存在，路因为人才有意义。一条没人走过的路，走过去，才能成为路；一条充满挑战的路，走下去，才有答案。

人生如路，走下去才知道终点在哪里。

答应我在人生这条路上面，你要努力不要放弃，不管你做什么，都要做到极致。上班就认真工作，笑就尽情大笑，吃东西时，就像吃最后一餐那样去享受。

睡的时候不辜负床，忙的时候不辜负路，爱的时候不辜负人，久经世事的温柔才是真正的温柔。

我们来人间一趟，要迈着春天一样的步子，在自己的时区里，吟啸且徐行，把每一天都过成自己的良辰。

走弯路，
让我遇见更好的自己

有一次部门开会，当大家为了活动细节争论得面红耳赤时，领导认真严肃地说："先实施下去，活动完了以后再复盘，只有先实践，才能吸取经验。"

有时候，走错路或者走弯路，不是浪费时间，而是为了遇见更好的自己。

01 >>>>

小叶是我微信里的一位女性朋友，在近期的一条朋友圈里，她换了头像和昵称，还晒出了一张离婚证书，配文是：往事清零，重新开始。

当大家都替她感到不值和难过的时候，她不仅没有哭天抢地地抱怨对方的不是，埋怨当初催促自己结婚的父母，反而表现得特别从容淡定，像是丢下了一个大包袱，终于做回了自己。

她说，当初听家人和媒婆的安排，是因为对自己未来的生活及婚姻没有规划。经历了这次波折，自己究竟想要什么，心中已经清楚明白。

生活不会故意给你使绊子，它让你见过一地鸡毛的琐碎，你才会更加珍惜来之不易的美好。

《西游记》中，孙悟空明明可以一个筋斗就取到真经，但佛祖却偏偏让师徒历经九九八十一难。

因为唯有经历过曲折，才能领悟到佛经的真谛，唯有经历过困苦，走过弯路，师徒四人才能真正有所成就，流传千古。

在人生的路上，有一条路每一个人非走不可，那就是年轻时候的磕绊之路。不摔跟头，不碰壁，不撞个头破血流，怎能炼出钢筋铁骨，又怎能辨清你要的方向?

人生没有白走的路，每一步都算数。

02 >>>>

我想起自己念书的时候，常常为了一道数学证明题耗费精力，用数种可能的方法去论证。

而我最讨厌的就是直接去找标准答案，它就像是一条最快达到终点的捷径，可是走捷径并不等于成功，相反捷径走多了，早晚会被摔得粉身碎骨。

我总是专挑那些看似“行不通”的方法进行论证。因为我自己心里清楚，这些“行不通”的路走多了，脚下的步子才能更稳。

数学老师有一句口头禅，我特别认同：“题目做多了，功到自然成。”

量变会引起质变，在题海里待久了，你自然知道哪里是坑，哪里是路，哪里是虚掩的陷阱。这才是题海战术真正的含义。

曾经看过一个故事：

佛学院的一名禅师在上课时把一幅中国地图展开问：“图上的河流有什么特点？”

“都不是直线，而是弯弯的曲线。”

“河流为什么不走直路，偏要走弯路呢？”学僧七嘴八舌地问。

禅师说："原因是，走弯路是自然界的常态。人生也如河流，坎坷、挫折是常态，只要坚持不懈，迟早能越过那些艰难险阻，抵达遥远人生的大海。"

03 >>>>

小安的离职在微信朋友圈里激起了一层不小的浪花。

当初她成功面试进入国有企业五百强时，令不少人羡慕不已。

而今，大家都认为她疯了。

尤其是她离职的理由，在大家看来更是离经叛道——她想全职写作。

她做出的这个决定，遭到家人以及朋友的怀疑，尤其是她的母亲。

在老一辈的眼中，辞职是罪大恶极的想法。在他们的观念里，一个女孩子最好的人生轨迹就是一份稳定尚能糊口的工作，嫁人生子，平淡安定地度过一生。

她说，虽然并不能确定自己的选择能够带来更好的生活，但再不尝试就晚了，哪怕碰壁，哪怕失败，也好过人生留下遗憾。

因为不成功的人生只是不完美，但是完整。

原来她两年前就已经开始写作，有自己的公众号，一直利用下班后和周末的时间写作，两年里阅读量也从几十到了十多万。

离职，她只用了两天。走之前，她在微信上给我们留言：“这样的决定是很冲动，但并不盲目；是很愚蠢，但也有着‘愚蠢的勇敢’。”

因为她不想再做一个必须在工作和梦想中取舍和抉择，在生活夹缝中艰难喘息的中年人。

她也在自己的文字里写：“这个世界呀，哪有什么注定的事。平淡和贫穷都不是平庸，心里空空如也、不敢做梦，才是真正的平庸。”

04 >>>>

著名作家张爱玲在她的书里说过这样一个故事：

在青春的路口，曾经有那么一条小路若隐若现，召唤着我。

母亲拦住我："那条路走不得。"

我不信。

"我就是从那条路走过来的，你还有什么不信?"

"既然你能从那条路走过来，我为什么不能?"

"我不能让你走弯路。"

"但是我喜欢，而且我不怕。"

母亲心疼地看了我好久，然后叹口气："好吧，你这个倔强的孩子，那条路很难走，一路小心!"

上路后，我发现母亲没有骗我，那的确是条弯路，我碰壁，摔跟头，有时碰得头破血流，但我不停地走，终于走过来了。

坐下来喘息的时候，我看见一个朋友，自然很年轻，正站在我当年的路口，我忍不住喊："那条路走不得。"

她不信。

"我母亲就是从那条路走过来的，我也是。"

"既然你们都可以从那条路走过来，我为什么不能?"

"我不想让你走同样的弯路。"

"但是我喜欢。"

我看了看她，看了看自己，然后笑了："一路小心。"

愿你我都能守得住内心，看得清生活，走得了弯路，扛得起眼前的苟且，也能写得出动人的诗篇。

最好的回应是，我根本就不在意

在我们实现人生理想的路上，会有很多东西阻挠我们。
越是斤斤计较，也就越会偏离轨道。
人生需要忍耐，要懂得忍辱，才能负重。

01 >>>>

电视剧《欢乐颂》里有一句台词，说：“常与同好争高下，不共傻瓜论短长。”

有位读者在后台给我留言，她说，宿舍生活过得不融洽，室友之间常常会因为一句话、一件事争得面红耳赤，而和自己关系不错的同学和朋友竟然也在背后说自己的坏话。

最后，她问我，应该怎么办？

她说的事情，在我们的生活里经常会发生，也时常在上演，我想了很多能够安慰她的话，最终总结为一句：最好的回应，是我根本不在意。

年龄还小的时候，我们总是盖不住自己的气焰，我们争强好胜，我们血气方刚，我们总是不能忍受别人的颐指气使。别人说我们一句，我们总是会愤愤不平好久，有些偏激点儿的一定要骂回去，甚至用自己的拳头去证明自己的正确性。

我们总在据理力争，和对方拼个你死我活。

长大就是在潜移默化里把这种“据理力争”化为静音的过程。

02 >>>>

柳岩是一个经常被黑的明星，记者在采访时曾问她：“有那么多人骂你，你受得了吗？”

她这样回答：“面对那些骂我的人，我哪里有时间停下来和对方吵架或者是回头解释。我只能一直跑一直跑，跑远了，那些站在远处骂你的人的声音就小了，也许前面还会有新的人骂你，但我还是相信越是在前方，有工夫骂人的人越少，因为大家都在奔跑。”

我们任何一个人都会有这样的遭遇，被人质疑，被人讨厌，甚至被人否定，可那又能怎么样呢，是我们在掌握着自己的命运，并非他人。

我们活在这个世界上，并不能让所有人都喜欢我们，总有人会讨厌我们，甚至嫉妒我们，如果每一个人都能理解我们，那我们得普通成什么样子。如果事事走心，那日子更是没法过了。

念书时，我们会碰到这样的人，对方会因为你的成绩、穿着、言行而议论你、讨厌你、嫉妒你。他们这样做，无非是因为自己和你有距离。

人真的很奇怪，看不得好的，比不得差的，所以才会有“物以类聚，人以群分”。

03 >>>>

朋友跟我聊起工作上的事情，她一时间感觉自己特别委屈。原来她无意中听到同事在背后议论自己，说她是凭借关系才进的公司，说她在工作上根本不上心。

然而事实是，她真的是凭借自己的能力才通过了层层的面试选拔，公司里也并没有她所认识的人。到了工作岗位上，自己不懂的全力去弄懂，自己的短板自己补足，从不拖团队的后腿。

“我明明没有靠任何人，他们为何要这样看低我？”

“我明明那么努力，他们为何还要质疑我？”

我不能去解释他们的行为，但是我知道，有一天你会发现，当你过分在意这些攻击和嘲讽的时候，你就会忘记自己真正应该去做的事情。

我们总是会把太多的时间、精力都放在“为什么他要这样说我，我没有那么差劲”“他误会我了，我不是他想象的那样”这件事上，以至于我们的步伐会停滞，以至于我们忘了自己走到今天的初衷是什么。

扎西拉姆·多多曾说过：

“有人尖刻地嘲讽你，你马上尖酸地回敬他。有人毫无理由地看不起你，你马上轻蔑地鄙视他。

“有人在你面前大肆炫耀，你马上加倍证明你更厉害。有人对你冷漠，你马上对他冷淡疏远。

“看，你讨厌的那些人，轻易就把你变成你自己最讨厌的那种样子。这才是敌人对你最大的伤害。”

当你面对诋毁和言语攻击的时候，有一种最有利的回应就是，你的话根本影响不到我，我根本就不把这些放在眼里，因为我们不是一种人，所以你根本就没有和我对话的资格。

愿你永远保持智者的云淡风轻，永远微笑释然。

过去的岁月
只有两种意义

我们现在的年龄，已经无法再用“长大后”来造句了，我们的现在，就是十年前拼命想要达到的未来。

01 >>>>

长到如今的年纪，已经无法评述过往的岁月到底值不值得，值不值得都是自己的一种选择。

过去的岁月，只有两种意义：一种是益，一种是回忆。

有益的事情让人往后的日子都受惠于此。而有些事情，看起来没什么好处，当下的感动、悲恸让人终生难忘，那就会变成回忆。

至于那些记都记不起来的无聊岁月，算是白活。

路过中学校园的时候，看见体育馆灯火通透，看门的大伯正在躺椅上纳凉，熟悉的校门敞开着，心里十分想要进去看看。

我从不否认自己是一个念旧的人，相信很多人都是。

开门的大伯并未拦我，我向他打招呼问好，说我回来看看，他一脸微笑地向我点头示意，十分亲近和蔼。

人总是这样，越是长大，越想待在自己熟悉的环境里，曾经想要不顾一切往前飞，可飞出去以后才发现自己是如此眷恋熟悉了的一方天地。

站在校园的中央，感觉一切都是我的，一切又都不是我的，物是人非大概就是这种心情。开始回想十五岁时天不怕地不怕的日子，回想那几年对着天地许下的那些不知天高地厚的誓言。

对比十年前的自己，现在的自己软弱得不堪一击。曾经那个什么都敢于尝试的你，和现在这个做什么都小心翼翼的你，真的是同一个人吗？

十年时光，改变了我们稚嫩的模样，可并没有让我们变得更加强大，多么遗憾。

02 >>>>

刷朋友圈的时候，发现班长冯大力晒出了自己的结婚证，照片中的她笑容甜美，与她站在一起的男生，眉眼里都是对她的宠溺。

我给她点赞，发评论祝她幸福，然后打开对话框告诉她："班长，我在中学的校园里瞎逛。"

她简单地回复我："谢谢，不负岁月真好。"

中学毕业十年，我们终于不再是那个爱做梦的小姑娘，不再是那个课间讨论郭敬明、饶雪漫的粉丝，更不是那个堵着一口气一定要把题目解出来的学生。

十年，我们换了许多角色。我想起曾经一起努力的这一群人，不服气、不服输的脸庞上，刻印着的是青春，我们愿意早起来学校，背诵那些现在看起来艰涩难懂的语法，以及要花好些力气才能记住的诗词古文。

曾经花那么大的力气记住的东西，在往后的岁月中一点一滴地被遗忘，只记得背过。

那时热映的青春偶像剧是《十八岁的天空》，剧中石延枫帅气的模样成了许多女生心中对暗恋对象的设想，家长、老师三番四次的禁令也挡不住情愫在心中炸开的花。

年轻，真好。

哪怕是征服一道数学题，心里也能乐开花。

03 >>>>

你们有没有在微博上看过下面这段话：

你十五岁时，骑自行车上学，偶尔坐公车，上来一个穿校服的，会多看两眼。而那些臃肿的大叔和提着菜的大妈，在你眼里都是隐形人，只有下车时被蹭到，你才终于注意到这么一个人，衣服上有股尘土味儿。你心里想，我长大后不会活成那个样子。

大叔走出去好远，回头看了你一眼，他的心里有些波动，想起十五岁时的自己。

对于渐渐麻木、几乎被生活榨干的我们来说，似乎有些理想和坚持，早就和十五岁的我们一同埋葬在了过去。

年少时，我们都怀揣着梦想。十五岁的我，课堂上和同桌传字条也曾立下过豪言壮语，说着以后要过上什么样的生活，成为一个什么样的人。同桌笑嘻嘻地回答我，说她想攒钱环游世界。

如今，我做着一份朝九晚五、平淡无奇的工作。

而她，依然坚持着在北京读研，希望能够定居下来。

我们的人生原本并没有太大的差距，只不过在一次又一次的选择中，才出现了人与人之间的鸿沟，并且越来越大。

大多数后来的我们，渐渐忘了以前许下的誓言，变成了千人一面的人群中庸碌的一份子。体态变得臃肿，爱好通通放弃，在温水煮青蛙的环境里，几乎没有挣扎，就成了生活的牺牲品。

愿你无论多少年过去，依然心怀理想，依然在行动的路上。

04 >>>>

人到了一定年纪，最大的悲哀莫过于：曾在我心中执剑的少年，如今混迹于市井之间。

长大后，好像连情感都会慢慢冷淡，我们开始害怕老友聚会，怕的不仅仅是容颜的变化，还有人与人之间的差距。

十年，足够塑造成几种截然不同的人生，成功的人越发成功，平凡的人依旧平凡。所谓老友聚会，我们不是害怕面对别人，我们更害怕正视自己，我们不敢承认自己过上了平庸的生活。

曾经暗恋一个意气风发的白衣少年，无论岁月如何变迁，记住的依旧是他篮球场上潇洒灌篮的身影，是他拧开瓶盖猛喝水的模样，是他脸上的纯粹，心中向上而生的力量。

可多少让人倾慕的少年，最终都沦为大腹便便、失去梦想的中年大叔。

我说，生活想要摧残一个人，多么容易啊，只要让他不会再做梦，他就再也发不了光，甘愿过着平淡和贫穷的日子。

日记本，是我最不敢翻阅的物品，里面的一字一句都是对长大后的憧憬，一巴掌一巴掌地打在自己的脸上，特别疼。可多少又有点儿安慰，自己没有沦为自己最不喜欢的样子。

我们都有一个理想之地，我们都有一个想要成为的更好的自己。

虽说时光漫长，可在漫长的时光里，我们总要对得起自己，对得起十几岁时种下梦的自己。

坚持下去很难，可总比人生失意强。

你想成为一个很厉害的人，要先从格局上下手

01 >>>>

我们大多时候都在抱怨，是眼前的苟且阻碍了我们的发展，其实不是，是一个人的格局决定这个人的发展。

桃子小姐是上市公司的一名会计。“会计”可以说是一份炙手可热的工作。桃子小姐所在的公司也有着很好的发展前景，福利待遇、办公环境、领导同事等方面都让人羡慕，最重要的是这样的生活让人看着很安逸。

大家一致认为，如果桃子小姐一直待下去不跳槽，那么凭她的努力，升职加薪是迟早的事情。

但是，桃子小姐在这家公司待满两年后，主动放弃了升职加薪的机会，提出了离职，朋友、同事，包括家人，都说她疯了。

她笑着说："我妈急红了眼的时候，还撕过我好几份辞职报告呢。"

问起她离职的原因，她说："所有人都说这家单位有前景，这份工作有前途。但我总觉得哪里不对，后来我意识到是状态不对。"

所有人看到的未来都不是我想要的未来。我不想在安逸的办公室里看一辈子的数据报表，和一堆人争论一堆数据的对错，我想有一个更明媚、更多姿的生活。

我想，在这样安逸的环境里待久了，连大脑都会生锈的吧。

后来，离职后的桃子小姐，又开始了自己的深造之路。

这个时代，老一辈常教导我们"安逸"才是生活的最终形态。于是，我们也认为"安逸"就是我们生活追求的一种常态，但是我们忽略了"安逸"真正的定义。

四处漂泊的人认为"安逸"便是安稳；在职场打拼的人认为"安逸"是精彩，是出色；安度晚年的人认为"安逸"是午后的一壶清茶，傍晚的两盅薄酒。

所以，格局不同，对于"安逸"的定义便不同，你有什么样的格局，就会有什么样的追求，也会有什么样的生活。

02 >>>>

人的生命格局一大，就不会在琐碎妆饰上沉陷。真正自信的人，总能够活得简单而铿锵有力。

前段时间，网上的一篇新闻引起了无数网民的注意和热评——《杭州网红，图书馆拾荒老人》，我们一般都会认为在街边捡破烂的和干净的图书馆是完全不搭边的。

杭州市图书管理员说："最开始注意到他是因为他和别的阅读者不同，他每次读书前都会先把手洗干净，读得也相当认真。"

后来我们才知道，这位图书馆拾荒老人生前一直"爱书如命"，家里的书都快堆到天花板上了。

不仅如此，他这一生一直都是一位"爱心教育者"，受过高等教育的他有着高于别人的格局，他一直过得很清贫，却一直化名资助着贫困地区的孩子，直到出车祸死亡才终止。

最初，这位老人闯入我们视线，是因为他对书本的尊重，但这背后体现的却是一个人的眼界和格局。高眼界让他看到了知识和教育的重要性，高格局让他有了持之以恒的行动。

翟鸿燊在《大智慧》里说道："一个境界低的人，讲不出高远的话；一个没有使命感的人，讲不出有责任感的话；一个格局小的人，讲不出大气的话。"

你有什么样的格局，就会成为一个什么样的人。一个人能否扼住命运的咽喉，一定和他的格局有关。人这一生就像游戏，游戏里有输有赢，格局大的丢的都是小棋，气度小的争的都是鸡毛蒜皮。

所以我们这一生，最应该做的一件事情便是提升自己的格局。有大格局，才有大人生。

03 >>>>

在工作上进入了瓶颈期，于是和朋友相约去旅行。飞机上有一对母女，妈妈很年轻，三十出头的样子，女孩子不安分地坐在椅子上，指着没见过的事物不停地问妈妈，而那位妈妈却出奇地有耐心，一一解答着孩子的问题：为什么飞机可以飞上天？为什么飞起的时候要咽口水？为什么飞机上不能随意走动……

后来下了飞机，才知道这对年轻的母女是和我们一个旅游团的。

问起她旅游的原因，她说：“趁孩子小，可塑性强，带她出来见见世面，不局限在一个地方，让她提早出来接触一下这个世界，好在她长大的过程中，培养正确的三观，说白了就是希望她长大后，能够有一个大格局。”

我不得不为这位母亲的眼界和格局所折服，因为大多数的家长都重在关心孩子学习成绩好不好，会不会被别的小朋友甩在身后，穿的怎么样，会不会被老师和别的小朋友瞧不起，兴趣爱好有没有发展好，能不能在关键时刻为重要转折点保驾护航。

古语云：“穷养儿，富养女。”

于是，家长们竭尽所能地给予孩子们物质上的满足。但是，很少有家长会关注到一个孩子健康的成长，是他对这个世界的看法，对人和事的看法。

董卿说过一句话：“时间有限，要留给新鲜的东西。”

有大格局的人，非常明白自己真正想要的到底是什么，所以会心无旁骛地朝着目标前进。

越是这样的人，越不会和烂人烂事纠缠，不因旁人的看法患得患失，不因现实的流言蜚语纠结。

不以物喜，不以己悲，专心致志，才能享受真正丰盈充沛的人生。

如果我日后有了孩子，我会像那位母亲那样，先让他看看这个世界，培养他的眼界和格局。当他对这个世界有了初步的认识以后，他便知道自己的人生目标是什么，该怎么走。这是父母最该给予子女的财富。

04 >>>>

一直很喜欢韩寒在《所有人问所有人》里写的一段话："一个人年轻时候的容量比什么都重要，这决定了一个人生命的宽度，决定了你将来能够建立的格局。"

"灼灼其华，绚烂之极归于平淡"，说的其实就是现在你的涉猎越广，就越能给你的未来无限的可能性。

一个人如何看待自己和周遭的人，就决定了自我的格局。如果一个人对自己看得比较长远，空间就比较宽广，就不会把得失看得太重。

从小到大，听过最多的一句话是："这么小家子气的人，一定成不了大事。"

别把自己框在一定的范围内，限制了自己的思维和格局。这些年，哪怕花钱都应该做的一件事就是：努力培养自己的眼界和格局。

祝愿你我在今后的年岁里，能走得顺利，走得坦荡。

Part4

余生很长，

你千万别对爱情失望

“我今年二十多岁，没有面包也没有爱情”

不管努力过后结果如何，我们都要尝试去改变，因为只有如此，才可以参与甚至拥有你真正想要的圆满。

01 >>>>

我有一个朋友，二十多岁，像花一样的年纪，她的人生其实才刚刚开始，可现在她每天想得最多的却是——如何实现一夜暴富。

她每天连轴转，却仍然很焦虑，她说：“不知道自己起早贪黑图什么，奋斗了半天没有存款也没有恋爱。”

有人说，为了前途，恋爱暂时可以被搁浅，毕竟能够拿来奋斗的黄金时间就这么多，可即便如此，更多的人是既没有前途也没有恋爱。

被父母催婚，看着身边的朋友一个个成家立业，只有我一边说自己还年轻要好好玩几年，一边暗自着急，我还能不能遇到那个很爱很爱的人。如果遇到了，我又是否有能力和对方组建家庭。

她说，父母告诉她，这么大的姑娘如果还没有男朋友，就要做好当剩女的准备。二老也焦急地给她安排相亲的小伙子，并且过程中不断追问两人的进展。最终，她因为受不了这样的日子从家里搬了出来，在离单位不远的地方租了一间不足二十平方米的房子。

可搬出来的她并没有过上自己想要的生活。她依然狼狈，依然忙得连轴转，依然要面对客户的刁难、父母的催促，以及相亲对象的各种挑剔。

她感慨地说，好像还是自己不够优秀吧，所以在这个世界上才会有一种如履薄冰的感觉。想起不可知的未来和孤单的一个人的生活，还是会有那么一点点的沮丧，成年人的生活真的不容易。

其实，在成年人的世界里，面包和爱情都很重要，但可怕的并不是如何选择，而是没有可以取舍的选项。

02 >>>>

我们在迷茫中诞生，也在迷茫中成长。

我有一位好朋友前几天在微信上给我留言，他说，想起遥遥无期的房贷和车贷时就会喘不过气来，还是以前的日子过得快乐啊，没有任何负担，也没有任何压力，每天只要让自己快乐就好，现在的日子过得真的有点儿艰难，有点儿让人沮丧。

看到网上说：

“第一批 00 后，已经成年了。”

“那些晚起晚睡的 90 后，现在已经开始养生了。”

身边的朋友，也很少有人一腔热血地谈论理想抱负了，如果有，那也是在喝醉了酒，缅怀青春的时候。

现在的我们更在乎的是，今天的一蔬一饭和未来的房价车价。越来越多的人开始追求平淡安稳的日子。这就是现实的日子，这就是长大后的生活。

成年人的世界里，更多的是心酸。

认识的朋友里，有人去了很远的地方闯荡，有人起早贪黑开始创业，有人一个人去和陌生人谈判，还有人担负起一个家庭的支出。

朋友说："我曾经以为自己是一个英雄，无所不能，后来发现只有在虚拟世界里，才能变成自己想要的那个样子。"

我们大多数人都是在生活中挣扎的普通人，没有耀眼的光环，也没有显赫的背景，或许是因为太普通了，所以在努力过后仍然无法改变结局的平庸。

可这就是成长啊，成长就是背负更多，接受更多，忍耐更多，我们一边接受着被现实的冷水泼醒的无奈，一边又鼓足干劲想要争取一个更好的未来。

03 >>>>

最近，母亲胸口疼，父亲陪着她去医院。经过医生检查发现，母亲的心脏有问题，要马上住院动手术。父亲着急了，跑前跑后问医生要怎么办，医生说做了全面的检查再说，现在情况还不明确。

两个人办理了住院手续，母亲待在了医院，父亲则回家帮她拿换洗的衣物。五十几岁的父亲望着我，迫切地问我该怎么办。

我望向父亲的一瞬间，觉得日子真的有点儿艰难。去医院看望母亲的路上，某一刻里，我突然意识到，自己银行卡里的余额担负不起母亲的手术费，我突然特别地害怕，害怕失去，害怕未来不能给自己和父母一个满意的生活。

我开始明白朋友口中那些艰难的日子：今天父母有个病痛，明天孩子感冒咳嗽，后天学校老师催着报补习班……我开始理解他们的不容易，开始体会他们口中拼命了却仍过不好的生活。

有人说："让我不敢请假不敢生病的不仅仅是房贷和车贷，还有逐渐老去的父母和他们对我们的期望。"

现在我特别认同，二十几岁除了年轻，几乎一无所有，面对未知的前程只有小心翼翼。我们想妥帖地照顾好周围的一切，除了自己。我们开始越来越不快乐，因为我们开始承担的越来越多。

然后有一天，你会发现自己真的长大了，明白了什么叫作生活。

04 >>>>

其实，这个世界上的每一个人都有难处，都有属于自己的不容易，都经历过几段无人知晓的苦日子。

无论你正过着什么样的日子，我都希望你能学会快乐地生活。在没人陪伴的时候，也要乐观，万一下一分钟就能遇到真爱呢；在一个人担负房贷、车贷，加完了所有班以后，不要忘记给自己一个拥抱，你真的很棒；在一个人扛着一整个家庭的时候，别忘了还有人在背后支持着你，爱你。

嗯，日子确实会有一点儿艰难，一点儿“丧”，但好在我们的人生才刚刚开始，它还有上万种改变的可能。

面包会有的，爱情也是。

因为“普通”而得到的爱，
才会长长久久

每次看到那些为了得到爱而努力表现自己“很特别”的人，我都很想说，真正的爱与你特不特别根本毫无关系，还是坦然一点儿吧，你会因为普通而被爱。

因为普通而得到的爱，才是真爱。

01 >>>>

珍妮一直认为自己找不到男朋友，是因为自己太过普通，没有姣好的样貌和苗条的身材，也没有几样拿得出手的兴趣爱好。她认为一定是自己太过平凡，才会不讨人喜欢。

她特别羡慕那些长得漂亮又有才情的姑娘，她们每次出场都自带光环，成为焦点。

珍妮希望自己也能成为这样的姑娘。为了变成这样的姑娘，她给自己报了很多兴趣班，还有塑形课，开始了塑造自己的漫漫长路。

可她越是着急，变优秀的道路好像越是艰难和漫长。

珍妮其实有爱好，她的爱好是读书。她的家里有一个很大的书柜，里面的书目也很广，珍妮只要一看书就可以在沙发上静默地坐一下午。

她认为女生就应该多看点儿书，知道更大的外面的世界，人生才更精彩。

珍妮在二十七岁那年遇到了自己的真爱。二十七岁的珍妮并没有变得更漂亮，也没有培养出几样拿得出手的爱好，她还是那么普普通通的一个姑娘，她的另一半也是一个普普通通的男生。

两个普普通通的人在一起了，一起过起了柴米油盐酱醋茶的小日子。

02 >>>>

几乎所有姑娘的心里都有一个公主梦，有一天王子会骑着高头大马，把一整个世界送到眼前。

我们总以为自己可以成为这样的姑娘，但其实这样的爱情故事在现实生活中实在是寥寥无几。

现实生活中多的是普通的男男女女，没有万贯家财，也没有倾城之貌。

即使是普通的两个人，还是会有真爱，对方爱不爱你和你特不特别真的没有关系。

二十八岁的珍妮结婚了，婚后的珍妮变得更加普通了，她会围着围裙，扎着随意的马尾进出厨房，穿着拖鞋就去楼下倒垃圾，遇到熟悉的人还会聊聊家常。

她和很多已婚妇女一样，每天逛菜场的时候，还会和小贩们讨价还价，会把一些剩余的饭菜拿给流浪的猫狗吃。她的生活变得简单普通，一日三餐，一餐有三菜一汤和两碗饭。

可即使她素面朝天地穿着围裙在客厅和厨房里来回走动，她的先生也会夸她漂亮；即使她穿着家居服，绑着随意的马尾出门倒垃圾、去菜场买菜，她的先生也不会觉得她邋遢；即使她现在除了依旧爱读书外，仍然没有拿得出手的爱好，身材也没有以前那么好了，她的先生也不会认为她是一个无趣的女人。

因为一个人爱不爱你，和你是不是光芒四射真的没有关系。一个人若是因为你的特别而爱你，一定不会爱的长久。一日日的相处，你的特别也终有被看淡的一天。

03 >>>>

今年，珍妮二十九岁，在朋友圈里晒出了自己怀孕的照片，她的身材臃肿了很多，不施粉黛，可是脸上幸福的笑容仿佛可以融化整个世界，她的先生站在旁边搂着她。

两个原本没有交集的人，走到了一起，共同孕育一个生命，真的特别棒！

多数的女生在孕期总会显得特别焦虑，一来第一次当妈妈有点儿手足无措的感觉，二来因为十月怀胎和产后的身材走样而担心自己的丈夫出轨。

可珍妮的先生不仅将她捧在手心里，照顾得妥妥当当，还当起了“家庭煮夫”，想方设法给珍妮做好吃的，把她宠溺成了小公主。

然后两人在某一天里，迎来了他们的另一个小公主。

二十四岁时，珍妮认为自己太普通，于是拼命想要自己变优秀。

二十七岁时，珍妮遇到了另一个普通的男生，他们相爱了，走到了一起。

二十八岁时，他们步入婚姻的殿堂，过起了洗手做羹汤的平凡生活。

二十九岁时，他们迎来另一个生命，从此又会有不一样的生活。

04 >>>>

其实，所有轰轰烈烈的爱情，最终都会归于一日日的生活，两个人在一起难免会有争吵磕绊，也会有因为对方的某些行为觉得日子再也过不下去的时候。但婚姻生活就是这样，平平淡淡，真真切切，有好的时候，也有不容易的时候。

如果你觉得婚后的生活没有想象的那般炙热，那正说明了你们在好好地过日子。

不要觉得自己太普通，对方太普通，普通的人生也很精彩。

因为“普通”而得到的爱，才会长长久久。

我们总要经历爱而不得，
才能学会珍惜眼前人

01 >>>>

我与阿杰相遇在 2014 年，那时的我们只是不谙世事的高中生，我们的相遇是猝不及防的。

那天，下着大雨，他拍了一下我的肩膀说："同学，可以和你搭一把伞吗？我没有带伞。"我回头一看，是一个身穿白色衬衫充满运动气息的干净大男孩，我脸红着说："可以。"

把他送回班级后，他执意问我的名字和班级，说是为了表达感谢要给我买零食，我却很没有出息地红着脸跑掉了。之后，我的脑海全是他挥之不去的笑脸，暗自期待着能与他在校园里相遇。

有次考试结束后，老师安排我打扫考场，望着这么大的考场，我无从下手。

这时，一个大男孩拿着拖把从远处走来，原来是另一个班被老师派来打扫考场的同学，走近才发现是他。

我心里乐开了花。他看见我，抓抓头说："你就是那天借我搭伞的女生吧。"我不好意思地笑笑说："你记性还不赖。"他又继续说："你那天跑那么快干嘛，我还想请你吃饭感谢你一下的。"

就这样，我们有一搭没一搭地聊着天，扫了一下午的考场。结束的时候，他要了我的联系方式，约我周末吃饭。其实他不知道，为了和他吃好这顿饭，我忐忑了整整一个星期。

整一个星期，我一直在纠结穿什么才会让自己看起来更加得体漂亮。那天的他身穿运动服，很是帅气，令我久久无法忘怀。我们这顿饭吃得很愉快。

渐渐地，我们的联系越来越频繁，互相诉说每天发生的事情，我们成了无话不说的"好朋友"，慢慢的我发现原来自己已经喜欢上这个纯粹的、给人安全感的大男孩了。

可那时的我并不出众，没有足够的自信站到他的面前，勇敢地告诉他"我喜欢你"。

长大后才明白，有很多人都以朋友的名义喜欢着另一个人。他们小心翼翼地维护着一段爱的友谊，生怕一不小心连朋友的身份都会失去。

02 >>>>

唯一让我感到骄傲的是我的数学成绩。在一次数学比赛中，我们有幸被分到一组。老师出题，每个小组抢答，谁答的多并且正确就加分。

轮到我们这组的时候，我抢答了一道题目，我以为自己做过的类型就不会出错。

可我还是出错了，老师只是出了类型相似的题目，解题方法却是全新的。我的出场非但没有给小组得分，反而给小组扣了一定的分数，这令我很沮丧，也感到非常难堪。

归组后，我很难过，一直小声地向组里的其他同学道歉，他静静地看着我没有讲话。在下一轮比赛中，他更加沉着冷静地应对，连续抢答了两道题目，并且都用了全新的解题方法。

老师看了之后颇为高兴，还给了我们组双倍加分。我向他投以一个感激的眼神，而他给了我一个很温暖的笑容。

我们成了好朋友，每天除了上课，其余时间都待在一起。

朋友问我："你明明那么喜欢他，为什么不去告诉他？"

我说："我还不够优秀，配不上他。"

后来我才明白，感情里根本就没有配不配，只有喜欢和不喜欢，只有勇敢和不勇敢。

后来我一直想，如果当初我告诉他我对他的喜欢，那么我和他的结局会不会有点儿不一样。

有一天，我很晚才从辅导班出来，爸妈加班没时间来接我，我一个人走在回家的路上，晚上很黑，我发现有一个人尾随着我，便害怕地加快了步伐，不一会儿我回头发现那个跟着我的人不见了。

第二天，下课的时候，他来到我们班把我叫出去对我说："以后晚上复习晚，我送你回家。"听他这么说，我内心狂喜，暗暗设想他是不是也有那么一点儿喜欢我呢？

之后的每天晚上他都送我回家，我们一路上说了好多话，一路上他都唱着歌，夜好像也变得没有那么黑了。

03 >>>>

由于爸妈工作原因，我要转校。他知道后拉着我去体育场喝了几瓶啤酒，微醉的他对我说：“能不能不要走，我舍不得你。”

那一瞬间，仿佛空气都凝结了，我的心颤抖不止。

那天他说了很多，我才得知，那晚那个暗中保护我的人是他。

每次让我读情书，是因为他想让我说出喜欢他。

很快，爸妈帮我办理好了转学手续，我怕他知道难过，办手续那天也没有告诉他。新的学校上课节奏很快，我好多知识都不会，为了跟上课程，每天都学习到深夜，更无法抽出时间去联系他。

直到听我好朋友说，我走的那天，他找了我好久，经常去我以前的班级痴痴地望着我的座位，不久之后，他也转校了。从此我们便彻底断了联系。

记得林徽因曾说过：很多人不需要再见，因为只是路过而已，遗忘就是我们给彼此最好的纪念。

可我总是忘不了，原本我和他，我们之间应该有的一段故事。

04 >>>>

有些人，一旦转身，便是永远。有些话，藏在心中，也许这辈子都无法说出口了。

每个人的青春，都有一段故事，每个故事或多或少都会留有遗憾。那时的我们，总觉得来日方长，却不知道“来日方长”才是感情里最大的一个陷阱。

梦里梦见的人，醒来就应该去告诉他，而不是继续做梦。

不要等到某一天在回忆里，才能说出那句“我喜欢你”。

“那个爱而不得的人，
在你心里住很久了吧”

听过这样一段话：现代人太着急了，看一眼照片，听一段语音，道两天晚安，就喜欢上了。

不过讨厌得也很快，喜欢了两三年，最后因为一个眼神、一句话，不到一秒就决定放弃了。多情又冷酷也挺好的，速战速决总是好过暧昧不清。

就只怕杀伐决断的遇上了藕断丝连的，情意绵绵的遇上了见异思迁的。这世上，赢的多半是薄情人。

01 >>>>

很多感情都还没说出口，就断了喜欢的念头。

小念从高中开始就喜欢大浪，这种喜欢一直埋在心底，直到高中毕业，小念都没有勇气告诉对方。

她对朋友说，像大浪这么优秀的男生，身边站着的应该是能够与他比肩的姑娘，而不是像我这样平凡的女孩。

两人上了大学，开始少了联系，偶尔联系，也是逢年过节的客套话。可是小念对大浪的这份喜欢从未因时间而变淡，大学给了她足够的时间，让她能够把自己变成那个配得上他的姑娘。

她把做兼职赚来的钱给自己报培训班，不断提升自己，也攒钱让自己去看更大的世界。

偶尔也听到大浪谈恋爱的消息。他交了一个女朋友，对方是某某学院的校花，长得漂亮又有才情。小念每次听到大浪谈恋爱的消息心里就会微微难过，然后更加坚定自己的目标。

然后过了好长一段时间，又会从朋友的嘴里听到他分手的状态，因为失恋，日日沉迷。每当这个时候小念又会很难过。

暗恋仿佛就是一段暗无天日的日子，对方的一举一动都在我们的心里激起了惊涛骇浪，可那个令我们魂牵梦萦的人却并不知晓。

大多数人都经历过暗恋，或许你跟对方已经成为朋友，或许他还不知道你的存在，甚至在这个世界上，除了你自己，没有人知道你喜欢他这么多年。

02 >>>>

你经常会在睡梦中梦到他，吃饭时想起他，走路时期待碰见他，但你从来都不敢跟任何人提起他。

每一年，大浪的生日，小念都会亲自挑选礼物，给他写长长的生日祝福，以朋友的名义，从这个城市邮递到他身边。大浪每次收到礼物都会发朋友圈，配文永远是：小念同学今年份的生日礼物。

从喜欢他开始，小念每一年都送他礼物，而我们每一年都会在大浪的朋友圈里得知。只不过这么多年过去，围绕在他俩身边的朋友都看清了小念的这份喜欢，也曾经起哄让他俩在一起。

可小念和大浪总是非常有默契的以“朋友”的名义否认，于是，朋友们也渐渐地不再提起，真当他们是好朋友。

我想起曾经的一场辩论赛，主题是“男女生之间是否有真正的纯友谊”。

有一位辩论选手说了一句很煽情的话，他说："男女生之间哪有什么真正的纯友谊，所谓我愿意和你以朋友的名义做朋友，只不过是爱而不得而已。"

对于爱而不得的那个人，我们甘愿和他成为朋友。

因为做朋友，是留在对方身边唯一的方式。

03 >>>>

有时，你也想过告诉他，这些年来你藏在心底的秘密，可到达目的地的时候，你却又害怕起来，开始后悔自己来到这儿，担心这场偶遇过于刻意，便在路上迟疑很久。

你明明很想见他，却又畏畏缩缩不敢去见他。你明明很想跟他说话，却又吞吞吐吐没有开口。

你明明做错了，却又死要面子不愿低头道歉。你明明很在意，却又无关紧要似的说着没关系。

大学毕业后，小念想过告诉大浪，自己对他的那一份喜欢，她也足够自信如今的自己是可以与大浪比肩的姑娘，可是她最后还是没有开口，这么多年过去，她已经习惯也适应了以朋友的身份出现在对方的生命里。

在小念犹犹豫豫的日子里，大浪有了新的恋情，生活也步入了正轨。

然后有一天，大浪宣布了他的婚讯。看着大红的喜帖，小念心里有一种东西在轰然倒塌，但是她又感觉到一丝喜悦，自己终于可以宣布对他的放弃，哪怕这份喜欢至今只藏在自己的心里。

这么多年，因为不敢往前迈步，最终，你只能独自一人难受地躲在角落，带着你烂在心里的那份爱，默默离开。

04 >>>>

感情世界里向来都是这样，充满着许多遗憾，很多事情你都还没来得及释怀，就到了要挥手说再见的时候。

有人说暗恋是一种幸福，那种为了一个人而熬过一段时光，让自己变得勇气可嘉的日子值得骄傲；也有人说暗恋苦不堪言，那个人，并不知道你心里的秘密，喜欢他这件事情，这么多年都被你藏得很深，久而久之，这份爱，便悄无声息地烂掉了。

时隔多年后，我多想再追问自己一次，你后悔过吗？似乎依旧没有答案。

原来这才是爱情
最好的打开方式

今天想给大家讲一个关于我外公外婆的故事。

01 ＞＞＞＞

一人一猫一座木屋，一处独到的风景。

外公离开的第四个年头，我去外婆的小屋，那座小木屋下有一个熟悉的身影，目光慈祥地坐在竹板凳上，静静地望着被火烧云染红了的半边天，手有一下没一下地抚摸着一只花猫。

窝在外婆膝头上的花猫叫阿月，过了这个年，阿月就满五岁了。阿月是外公在去世前一年一天晚上抓来的，名字也是外公取的，而外婆的小名里就带月。

我去时，猫儿很温顺，半眯着眼任由外婆抚摸着，许是毛儿顺得很舒服，所以时不时地叫唤两声作为回应。

我说："外婆，我来了。"

外婆欢笑着从竹凳上站起来，猫儿顺势跳下了她的膝头，肥肥的身躯一扭一扭地跟着她来迎接我。就着夕阳的光晕，我看清楚了我的外婆。

外婆仍然留着长发，两条麻花辫平整地搭在肩膀上，但是黑发不复从前，再也不是依稀的有些花白，生活对她的仁慈终于愈来愈浅，岁月在她身上留下的痕迹再也抹不掉了，她眼角的皱纹越发深了，佝偻着背，走得不是很稳，但是步子依旧很大，张着嘴，用一口修整过的假牙欢快地回应我："菊儿，你来啦！外婆今天下厨，你留下来吃晚饭吧！清蒸臭豆腐、猪肝、红烧肉，再煎条鱼，都是你爱吃的，做得不比你外公差，你留下来吃晚饭吧！"

我来了，外婆今天好似格外的开心，忙里忙外不曾停歇，阿月绕着桌角转着圈，多了一个我，小屋里却多出了许多热闹的感觉。

屋子中的小四方桌上，放着外公的照片，外公的嘴角带着微笑，眼神里依旧透着往日的神采。屋内的摆设没有什么变化，外公的好搭档——三轮车停放在屋的一角，另一角是平时下农田的工具：镰刀、锄头、背篓……

小灶上开始生火，外婆撸着一把又一把稻草往灶内送，火势大了，柴梗便发出噼噼啪啪的响声，我想屋外的烟囱里一定开始升起了炊烟，那袅袅的炊烟伴着晚霞里的火烧云一定十分温馨。

里屋里的一切都很熟悉，只不过坐在炉边的那位老人从外公换成了外婆。外屋仍旧是杂货店，卖着一些日用品和孩子们喜爱吃的小零食：香烟、牙膏、牙刷、瓜子……

外公走后，外婆不再独自蹬着三轮车去进货，而是由舅舅他们帮着联系了送货的小哥，缺货了就由小哥开着突突突的小车给外婆送来。

“外婆，关了这家杂货店去和舅舅们一起生活吧！”

屋里开始冒着饭香，小锅盖就着水汽不停地往上蹿，臭豆腐的味道从木盖的细缝中慢慢溢出来，整个里屋渐渐被饭香和臭豆腐的味道溢满，猫儿绕着桌脚转的愈发地快了，我想它也知道今天的晚饭要比往日更丰盛了吧。

“可不行哩。”外婆擦了擦手，撸了一把袖子从炉边站起来开始杀鱼。

“我和你外公在这里住了一辈子，如今儿女也长大了，我和你外公年轻时没想过要靠你们生活，老了也不想去打扰你们的日子，再说这不是还有左右邻居嘛，你舅舅他们也住得近，有什么事情左右唤一声就好了。”

“喏，这米香不香？你大舅舅家今年打下的新粮食才刚送来哩。”

“外婆，那你一个人就不会觉得孤单吗？”

外婆又撸了把袖子，那鱼终于不再跳动了，安静地躺在水槽里，外婆开始利索地刮起鳞片来。

“我一直觉得你外公没有走，他还陪着我，我时常做梦梦到他，阿月也觉得他没有走，我们都觉得他没有走，所以我得守在这里，等他回来！

“前几天晚上刮大风，睡觉梦见你外公，他告诉我说屋后的桃子树被吹倒了，第二天我起来去屋后一看，那树真倒了，我还想着哪天再梦见他，去告诉他一声呢！”

02 >>>>

旧时代的爱情，缺衣少食，磕磕绊绊却可依偎一生。

我曾经问外公：“你当初和外婆好上，是看上了外婆的什么？”

外公眯着眼，抽着烟，等吐出的烟圈慢慢散去，才悠悠地告诉我："我看上了你外婆的那两条光滑平整的麻花辫，可漂亮了!"

每当这时，外婆总会带着一脸的笑意，嗔怒地说："说什么呢!"然后外公就憨憨地笑上了。

屋前屋后，都是外公的杰作，外公的锄头在那些年岁里种出了不少香甜可口的瓜果蔬菜，但外公说，他都是做给外婆吃的。

"老头子，咱们种棵桃树吧，然后在桃树下围个鸡窝，养上一群小鸡，再围上一个小篱笆，种上一些蔬菜。这样我们又有蔬菜吃，等桃树开花结了果，还可以分一些给邻居和孩子们，等小鸡长大了，还可以攒些蛋，我那孙女过完年就要生宝宝了，这鸡和蛋刚好可以给她补身子。"

外公默不作声地听外婆念叨着。

"老头子，你听到了没有?!"

于是，外公便按照外婆的设想默默开垦他们屋后的那片荒地，栽上桃树，围上篱笆，慢慢地出现了一窝叽叽喳喳的小鸡，慢慢地长出了浓浓的绿意。

外公从不与外婆争吵，黄昏夜晚时分，他们守着一台电视机，一起看看电视剧，如果有外婆最爱的《西厢记》，他们可以听上许久。断电的日子里，两人就守着一台收音机，听上一晚。

外公没有多少文化，些许识得几个字。老两口在儿女一个一个都成家以后，翻新了原来的屋子，开了一家杂货铺。外婆负责守店，外公负责进货，一辆破旧的三轮车就是他们的交通工具。两个人守着一家小店，日子过得不紧不慢，温馨自在。

外公爱抽烟，爱喝茶，进完货总爱去茶馆喝上一壶茶，听听茶馆的故事，再蹬上三轮车回家。外婆总是在这个时候搬个竹凳张望，每次等外公回来总是要说上一句："下次要早点儿回来哩，别让我担心哩。"

于是这家开在路边的杂货店成了夜里、风里、雨里路人的避风港。夜里不管多晚有人敲门，外公都起身披衣去开门。他们有时是为了买包烟，有时是为了买盒火柴，有时是为了躲雨，有时甚至只是借个厕所……

外公的三轮车也上了年纪，像外公一样，蹬起来吱呀吱呀地响。

外婆说："你外公车技很好，还载着我赶过不少庙会哩。"

我在脑子里想，外公佝偻着背在前面使劲蹬着，外婆坐在三轮车后面，扶着把手给他唱诵《诗经》的场景。这或许就是他们那一代人的浪漫吧。

03 >>>>

外公是在一个早上出事的，后来说起时，外婆仍然不停地自责。

“我就不该让他去进货，真的！”

那个早上，外公照例去进货，去时天气还好，但是渐渐地变天了，狂风大作，雷雨交加。

外婆在门口左等右等不见外公身影，便叫了左邻右舍和舅舅们去找。他们在一条小路尽头的田里找到了不省人事的外公，他的三轮车翻在那里。

外公在医院待到第三天的时候，医生默默把舅舅们叫出了病房，交代了后事。

离院的那一天，外公的精神很好，一直睁着眼睛和外婆说着话。

“老太婆，我们终于可以回家了。”

“老头子，阿月还在家里等着我们呢，我们回家。”

外公走的那一天，外婆没有哭，只是一味地自责不该让他一个人去进货。她默默理着寿衣，默默替外公擦身整理着装，然后紧紧握着他的手，轻轻在他耳边说着："老头子，我吵了你一辈子，现在再也不怕把你吵醒了，你先走吧，来生我还会去找你的。"

舅舅们以及所有人都认为外婆很坚强，其实我知道外婆她是故作坚强，她像孩子一样被外公保护了一辈子，以后没有外公的日子她要如何继续下去呢?

04 >>>>

我还是守在这里，就像你外公没走时那样。

外公走后，舅舅们多次想要接外婆过去一起住，有个照应，但是都被外婆拒绝了。她仍然守着外公留下的杂货店，养着阿月，平静地过着她晚年的日子。

母亲一度很自责，没有在外公和外婆身上尽到应有的孝道，常常想要带外婆出去走走、看看世界，但也被外婆拒绝了。她守着木屋，守着房前屋后的瓜果蔬菜，带着阿月过她自己的日子。

晚饭时，阿月吃得很欢，外婆做的所有菜都很好吃，咸淡适中，有爱的味道。屋中照片上的外公嘴角上扬，好像也笑了。

年轻时我们总认为轰轰烈烈才叫爱，其实不然，有个人在炊烟袅袅里做好饭菜等你回家也叫爱。这种爱细水长流，可以陪你把风景都看透！

“我想和你的爱情，没有缝隙”

“我理解你小心翼翼地远离人群，只是因为你曾厚待过他们，他们却辜负了你。”

01 >>>>

东野圭吾曾经写：“心，一旦离开了，就再不会回来。”

《时生》是东野圭吾的另一本小说，书里写了一个故事：

主人公宫本拓实在一家咖啡店里遇见了命中的那个姑娘千鹤，他们一见倾心，很快就发展成了男女朋友。那时候的拓实是一位浪子，他没有正儿八经的工作，没有正当的收入，即使是有了心爱的姑娘以后，他也没有想过要去改变自己的现状。

他觉得“有一日，过一日”的日子挺好的，何必为了生计去奔波，享受当下的快乐难道不好吗？

千鹤一直陪着拓实，哪怕他贫困潦倒，甚至游手好闲，但是她从未放弃对他的“期望”，她一直相信只要两个人一起努力，未来的日子一定是可以期待的。

她把对这个男人的全部爱意都融进了生活里，无微不至地照顾他，然后充满耐心地期盼着未来。

千鹤在这段感情里饱含期待，但是她忘记了，“浪子回头”是需要巨大的勇气和决心的。书中的拓实一直想要成为一个大人物，赚大钱，但他却从未为此努力，他换了很多份工作，每一份都草草开始，草草结束，在日复一日里抱怨着社会对他的不公。

渴望，而不行动，目标永远在空中。

02 >>>>

我一直不明白，为什么越没有本事的人，为人处世越是理直气壮。渐渐地我才明白，这其实是他们自卑的表现，明知道自己是一个不怎么样的人，却还要维持自己仅有的自尊，多可怜。

后来，千鹤托了各种关系帮他找了一份警卫的工作，他去面试了，可他去的时候迟到了。面试官揶揄地说了他几句，意思大概是“别人替你求来的工作，你却还不好好珍惜”，拓实当场就愤愤地离去了。

他像一个长不大的孩子，不明白千鹤的苦心，他砸碎的除了自己的前途外，还有千鹤一次又一次对未来抱有的希冀。

有一句话是这样说的：“失望的累积从不是一朝一夕的事情，而当一个人决定离开的时候，他一定是攒够了失望。”

初见你时，满怀希冀。

离开你时，心灰意冷。

最终，千鹤离开了，走的时候没有和拓实见上一面，甚至连句话都没有说。她一个人默默地换了住处，没有把地址告诉拓实，开始了她一个人满怀希冀的生活。

拓实再也没能联系上千鹤，原来一个人的消失，可以这么彻底，这么干净利落。

初见你时，心里眼里都想和你过一辈子。

离开你时，期望此生再也不要和你相遇。

毁掉一段感情的往往不是“变心了”，而是在这段感情里对方再也盼不到头，找不到出路，彼此之间有了爱情里的嫌隙，嫌隙越变越大，就成了鸿沟。

03 >>>>

生活里最好的爱情不是一见倾心，而是日久生情，两个人一起努力成长，用同样的步调前进，慢慢变成频率相同的人。

朋友聚会，丽丽说她和男朋友子冲订婚了，我们没有太多惊讶，都送上了真诚的祝福。上大学时，丽丽成绩平平，生活也没有太大的波澜，日子按部就班地向前滚动。

她原以为这样波澜不惊、毫无激情的生活会持续很久，直到遇到子冲这位优秀的男孩子，她的生活开始有了变化。

无论是他的个人还是他的生活都充满了向上的张力，在未来可预见的五年里，他都做好了规划。子冲的出现，让丽丽怦然心动。

我们都以为子冲不会喜欢丽丽这样平凡又普通的姑娘，可实际情况是他们真的在一起了。在一起之后，子冲让丽丽变成了一个爱学习的姑娘，他们一起泡在图书馆里，一起计划旅游，一起跑步健身，大学快毕业时，两人都被顺利地保送了研究生。

他们一起往越来越好的方向努力，并且以大家都出乎意料的速度在进步。

我突然想到另一位朋友说过的一句话，他说："爱可以让人长出勇气和决心来，两个人对待感情最好的态度就是，相互成就，相伴成长。"

04 >>>>

向阳而生是每一株植物的愿望，向着喜欢的人努力，也是人生最大的幸福。

丽丽刚和子冲在一起的时候并不自信。子冲很优秀，自己却很普通。可丽丽并没有放弃，她一直相信勤能补拙，所以特别努力，努力让自己变成一个优秀的姑娘。

朋友们曾起哄问过子冲："你那么优秀，长得又那么帅气，一定可以找到更好的姑娘，为什么最后选择跟丽丽在一起？”

他笑了笑说：“因为她为了和我在一起很努力，我喜欢努力的姑娘。”

两个人只有成为频率相同的人，才能相伴走更远的路。

他们在一起后，丽丽也慢慢变得自信开朗、富有正能量，也变得更加漂亮了。

何其幸运，在适当的年纪里，能够遇见一个让你努力变好的人，对方也愿意停缓脚步让你跟上来，然后双方牵手一起走。

努力的人，上天总是愿意眷顾。

现在的丽丽和子冲开启了他们新的人生，他们的人生依然带着积极向上的正能量，充满爱，充满对未来的希冀，真好啊！

最后写给你的话：

喜欢一个人，往往是因为对方身上的某一个特质吸引了你，让你萌生追求的爱意。

于是，你才会有冲动，想要追上对方的步伐。

原本“我和你”没有交集，我们中间隔着空隙，可是因为一个人或者两个人的共同努力，我们成了同路人，成了你眼中有我，我眼中有你的人。

可是后来，很多爱情里的同路人都变成了陌生人。

因为他们的爱情出现了缝隙，一个人的步伐快过了另一个人，所以两个人在一起才会出现那么多的不如意，直到另一个人再也追赶不上前面的人时，爱情就会开始分崩离析。

老一辈说，两个人在一起需要磨合，磨合双方的性子、兴趣爱好、生活方式等等。总结起来就是，双方需要变成契合的人。

嗯，未来找一个能够和你一同进步的人，无论是携手漫步看夕阳，还是一起奋斗拼事业。

愿你和你的爱情，没有缝隙。

“我结婚了，和我很爱很爱的人”

01 >>>>

朋友结婚了，嫁给了相恋八年的男朋友，证婚人是高中班主任。

婚礼现场，新郎高兴得泣不成声，新娘拉着新郎的手笑着说：“感谢陆先生这八年来对我的疯狂迷恋。相爱那么多年，谢谢你一如当初地爱我。今天，我穿着婚纱，站在你面前，我觉得我是真的嫁给了爱情。”

从今往后，手给你，爱给你，人给你，家给你，跋涉给你，等待给你，名字给你，我的一腔孤勇和余生六十年都交给你。

她是真的嫁给了爱情。

学生时代的恋爱，我们都知道不容易，不仅需要扛过学业的压力、父母老师的阻力，还要忍受分隔两地不能见面、不能拥抱的想念。

即使如此，还要容忍彼此的不成熟，生活中的各种摩擦和琐碎。

他们高一相识，那还是一个话费双向收费的年代。当时陆先生不顾昂贵的话费，充了很多钱，给罗姑娘打电话打到凌晨四五点。

他们从来不会错过任何一个值得被纪念的日子。彼此的生日，重要的纪念日，情人节，圣诞节，哪怕普通的一天，陆先生也会给罗姑娘过得很特别。

更别提那场精心筹划了很久的求婚，连我们这些帮忙的朋友，都被这个大男孩的深情感动了。

他们是真的成全了爱情，真好。

02 >>>>

知乎上曾经有一个话题：嫁给真爱是一种什么样的感觉?

这话题让我想起曾经看过的一期爱情节目，姑娘穿着心爱的婚纱站在舞台中央，勇敢地跟自己喜欢的人告白。

男孩告诉她，我没房、没车、没钱买钻戒，我的老家只有几亩农田和需要照顾的父母，你不能再过那些随心所欲的日子，你得跟着我吃很多很多的苦。

姑娘一秒都没有犹豫，她说："这些苦我都可以接受，不会的我都可以去学，只要能跟你在一起，只要能让我继续在你的生命里，再苦我都会觉得是甜的。"

男孩听完，热泪盈眶，两人相拥而泣，感动了在场的所有人。

听过一句话，喜欢这东西，捂着嘴巴也会从眼睛里跑出来。

那一刹那我忽然明白，原来爱一个人是这样的感觉：所爱隔山海，山海皆可平。

爱一个人，就是要牵着对方的手，不离不弃地走下去，走过风雨，走过困苦，走向彩虹，走向幸福。

只要终点是你，过程难一点儿、苦一点儿我真的一点儿都不在意。

03 >>>>

跟朋友聊天，中途他妈妈打电话来，挂了以后他回我，我笑着问他："阿姨是不是又催你找女朋友了？"他笑笑不说话。

我又打趣地说："部门里有不错的姑娘，可以尽早考虑。"

他很无奈地回答我："那姑娘真的不错，可有些感情真的勉强不来，就好比大家都说夏天就应该吃西瓜，清凉解口，事实也是如此，可我偏偏不喜欢吃，我就想遇到一个能和我一样爱吃不同水果的姑娘。"

我们辩论了很久，最后，谁也没有说服谁。

我渐渐体悟到，年龄越大，对于爱情和婚姻的要求好像就越高。

我们过了耳听爱情的年龄，不再被对方的一句情话轻易打动，我们要更多的陪伴和温暖。

我们在爱情里注入了更多的因素，不再那么纯粹而简单，对方的三观、工作、人品，以至整个家庭，都会被纳入考虑的范围。

我们变得更加实际，甚至带着更强的目的去接近某一个人，去谈一场恋爱，以最快的速度达到想要的效果。

可爱情里没有油门，它永远急不来，当我们真的遇见那个对的人时，我们才会定下心来，踏实地过一辈子。

04 >>>>

总有人嘲笑你，说你到现在还没有对象是你太挑了。可是只有亲身经历过的人才知道，两个人在一起如果只是为了结婚而不是因为爱，那真的太累了。

小到吃一顿饭、看一场电影，大到商议结婚琐事，在斤斤计较里，你几乎看不到爱的影子。

我问他："你还打算等吗?"

他跟我说："当然啦，往后余生一定要跟爱的人在一起。"

蔡康永在《未知的恋人》里说："我们不知道彼此的名字，我们只是常在同一个车站等车，在同一个橱窗前驻足，在同一个节目播出时发笑，在同一个月亮下失眠，然而这些已足够让我爱你。比起那些我熟知他们名字、住址、学历、职业，但我一点儿也不爱的人，我心无旁骛地爱着你，且因为这份爱，我觉得人生值得活下去。"

在爱情还没有到来前，我们都在等那个自己想要的人，虽然不知道他什么时候会出现，但还是期待能把"我"变成"我们"。

就像刘莱斯在《浮生》里唱的那样：“有人与我把酒分，有人告我夜已深，有人问我粥可暖，有人与我立黄昏，有人待我诚且真，有人忧我细无声，有人知我冷与暖，有人伴我度余生。”

余生还很长，
你千万别对爱情失望

可能每个人的生命里都有一个爱而不得的人，那个教会你爱的人未必能陪你走到最后。

哪怕不能拥有，却还是在心里演完了和对方的全部故事。这个人从未出现在你的明天里，却让你对明天充满希望。

01 ＞＞＞＞

我的朋友阿丽前些日子和我聊天，流着眼泪和我讲完了她恋爱的始末，我一直安慰劝导，到聊天结束，才发现我俩根本没说清楚什么，大道理我都说了，她却依旧放不下。

生活的现实她看到了，却还是没有办法从感情里抽身。在与她交谈的过程里，我再一次认识到，爱情里的事情真的说不清楚，不管你是情场老手还是客观冷静的人，遇到爱情，难免还是会乱了分寸。

爱情啊，真是一道难解的题，一开始只是以为自己听不懂方法，后来发现就算做对了每一个步骤，也得不到正确的答案。

聊天结束时，阿丽说："我们还保留着彼此的微信，偶尔还有联系，你说，我和他，我们还会有故事吗?"

我不知道该怎么回答她，感情里最忌讳的是分手后的拉扯不清，一方抱着朋友的态度对你嘘寒问暖，一方心里却仍打着复合的主意。双方以朋友的名义相互耽误着。

其实，分手后还联系频繁的人，多少都有点儿不负责任。

02 >>>>

很多明星情侣都分手了。很多人说："我以后再也不相信爱情了。”也有很多人反驳说：“如果两个人相爱，他们兜兜转转总会在一起的。”

那些爱过的人向过去告别，有人惋惜地说我们应该在一起的，有人洒脱地说以后会有更好的，但无论怎么样，还是要谢谢你爱过我。

半年前，我的另一位朋友分手时，拉着我陪她去喝酒。我俩在一个大排档，她一个姑娘家管老板要了一箱酒，一口口地喝，喝完了一瓶又一瓶，最后分不清脸上流下来的究竟是酒水还是眼泪。

从头到尾，她没说什么话，就是喝酒，她只是说：“喝醉了，应该就能忘了这种痛。”

那次以后很久，她给我发了一句话：“有个名人说，失恋是死不了人的，一年是期限。”

我打趣地问她是哪一个名人说的，能让她这么笃定，她说：“那个名人就是著名作家张小娴。”

原来在那段时间里，朋友给自己放了一个长假。她一个人去了一直心心念念的地方，拍了很多漂亮的风景照回来，也带回了一个重新获得快乐的自己。

是啊，失恋是死不了人的，只不过会让你当下痛苦万分，但随着时间的推移，这种痛苦一定会被稀释，然后某一天里，你会发现自己已经获得了重生。

03 >>>>

分手是一句话的事情，是删掉微信、拉黑电话的距离，可我失去你，是一辈子的事情，时间没有带走我对你的爱，只叫我明白你再也回不来了。

陈奕迅在《人来人往》里唱道："闭起双眼我最挂念谁，眼睛张开身边竟是谁。"

感情里爱得炙热时，我们总习惯把山盟海誓挂在嘴边，说给对方听，我们也相信那些誓言在说出口的那一刻，彼此都是认真的，想要与彼此相伴一生的心意也是认真的。

只不过，在后来的时光里，我们抱着要和眼前这个人过一生的决心，一点儿一点儿变淡了，直到消失得无影无踪。

之前在网上刷到过一个视频。曾经很火的一对情侣，在网上拍了一个分手视频，感动哭了很多人。视频中的女生哭花了妆，她对着镜头说："嘿，未来的那个姑娘，这个男生曾经是我的。"

因为双方在工作上都处于上升期，留给彼此的时间越来越少，他们的感情有了风险，双方都认为分开是对彼此负责，也是对自己最好的交代。

如果有幸两个人能够穿越人海走到一起，好好珍惜彼此；如果最终两个人仍然要回归到茫茫人海，祝愿彼此安好。

毕竟相爱一场，离开也别让对方带着伤。

写给你的话：

人生啊，其实并没有你想象的那么漫长。让你难受的，让你遗憾的，让你耿耿于怀的，让你彻夜未眠的，你终有一天会放下。

我们曾一起幻想过以后的生活，养一只可爱的猫咪，为你洗手做羹汤，周末约一群朋友来家里坐坐，等我们头发白了，老了，退休了，牵着手带着孙子孙女去逛早市，或者两个人去浪漫地旅行。

总之，只要和你在一起，一切都好。

以上的场景相信出现在大多数人的心里，也出现在多数人未来的规划里。

两个人携手走过漫长的一生，从健步如飞到步履蹒跚，从未分离。

余生还很长，你千万别对爱情失望。

Part5

生活中的仪式感

厨房里有的三样东西：生活、爱与希望

这一生，味觉可以触发我们心底最柔软的地方。

01 >>>>

厨房与爱，就是最好的生活。

每次回家，看到已经退休的老父亲一个人在厨房里忙里忙外地张罗，就觉得十分温馨。

他一个人宰鱼、切菜、炖肉，把一桌的菜准备好。

这个平时看起来威严寡语的男人，一旦进了厨房，就开始变得柔软起来，他把自己对家人所有的爱与温柔都融

进了美好的食物中。

他希望尽自己的所能做好每一顿饭菜，让所有回家的孩子，都能在其乐融融中，体会到家庭的温暖。

这让我想起妈妈当年总会不厌其烦地问：“今天想吃什么?”

想起她带我到集市去，让我挑选自己最喜欢的食物，然后回家加以烹饪，满怀成就感地看着我吃完。

我想起很多关于全家人围桌谈笑的画面，一边吃着喜欢的家常菜，一边家长里短地唠唠嗑。

在我的潜意识里，做饭是生活中特别重要的一部分。因为在绝大多数的时候，中国人的饭桌既是家的体现，也是爱的表达。

父母为我们准备喜欢吃的食物，爱人间相互体谅对方的胃口，彼此协调到最融洽的程度。

美味代表着家庭的味觉，爱就蔓延在舌尖。食物真的是有治愈力的，四季更替，万物轮回，人与自然相互给予，相互奉献。

很多时候我都觉得，人生最美妙的意义，其实就藏在一个小小的饭碗里。

02 ＞＞＞＞

愿意为你围上围裙，洗手做羹汤的人，一定很爱你。

我有一位朋友，她和她男朋友的每一顿饭几乎都在家里完成。租来的房子不大，但是厨房里什么都有，很有家的感觉。他们隔三岔五叫我去家里坐坐，尝尝彼此研制出的新菜式。

每次去蹭饭，我就坐在客厅里，闻着屋子里的菜香发馋，时不时到厨房里去帮帮手，看着他们俩忙里忙外，炖鸡，煮汤，洗菜，吵吵闹闹。

他们从不觉得这个过程枯燥无味，反而乐在其中，一个人掌勺，另一个人翻看食谱，时不时嘻嘻哈哈。

看着他们在厨房忙碌打闹的身影，我的脑子里突然蹦出这样一句话：所谓最好的爱情，不过是一屋两人三餐四季，充满着爱的烟火气。

这样的感情，就像两人互相体谅对方的味觉和感受。你切菜，她熬汤，抬头便能望见对方可爱的眼神。

我曾问过另一个朋友，我问他婚后的生活里哪一个瞬间让他感觉最幸福，他回答说："当我看向妻子，她穿着可爱的围裙，头发有点儿凌乱地站在厨房里，安静地择着菜，锅里正往外冒着热气，满屋飘香，那一瞬间，我觉得自己幸福无比。”

真好啊！能够拥有一段为彼此味蕾负责的爱情。这就是厨房里的爱情，也是婚姻里最好的状态。

愿你的厨房有烟火，客厅有笑容，卧室有拥抱，爱人跟你一蔬一饭，你跟爱人一颦一笑。

03 >>>>

不管是狼吞虎咽还是细嚼慢咽，能吃下饭的人，都不会放弃生活。

对于每个人来说，无论在人生的哪个阶段，听到“我在家等你吃饭”这句话，都会感受到满满的温暖。

朋友跟我说，自从妈妈去世后，就再也没有人等她回家吃饭了。每次下班前，听到同事说今晚要陪妈妈吃饭，心里就泛酸。

她说，妈妈去世前还会撑着病痛给她做饭，孱弱的妈妈站在厨房里，虚弱地拿着锅铲下厨，屋里香味四溢，当时只觉得妈妈厨艺超级好。

“很多年后，当我再也吃不到妈妈做的饭菜时，我才意识到，那是妈妈的味道。”

妈妈走后，我爱上了逛菜市场，爱上了妈妈的生活。我学着妈妈的样子，挑选最新鲜的蔬果，和摊头上的老板讨价还价。

每次拎着满满的胜利品回家，然后慢条斯理地给自己做暖心的菜，暖胃的汤。这样的生活让我觉得妈妈还在，生活还有希望。

菜场里没有风花雪月，没有咖啡、红茶、诗和远方，就是普普通通的，但众生都在这里经营着自己的生活和日子，这里有着一团浓浓的生活气，让人觉得安心。

大多数时候我们真的太赶了，赶着叫了份外卖就打发了自己的胃，送了份礼物就完成了对伴侣的承诺，打了个电话就实现了父母想要见你的期盼。

菜场、厨房和饭桌成了我们最熟悉也最陌生的地方。

其实不管是亲情、友情还是爱情，最能升温的也不过是这几个地方：在菜市场里为对方精心挑选爱吃的食材，在厨房里用心烹调，再满心欢喜地端上饭桌，心满意足地看着对方吃下。

这大概就是最好的生活，厨房里冒着热气，在乎的人都在身边。

生活真的没有你想象的那么忙，让自己慢下来，学着忙里偷闲，去市场，下厨房，做上四五小菜，陪伴重要的人，人生足矣。

走过最远最美的路，都在书里

著名女作家三毛说："读书多了，容颜自然改变，许多时候，自己可能以为许多看过的书籍都成了过眼云烟，不复记忆，其实它们仍是潜在的。"

01 >>>>

"扫眉才子于今少，管领春风总不如"，用王建《寄蜀中薛涛校书》这两句诗来形容董卿恰好适合。

2017 年 2 月 18 号董卿创办的《朗读者》播出，她不仅担任节目的主持工作，还首次以制作人的身份转型大型电视节目的幕后制作，呈现出了人生及事业上的另一面。

随着《朗读者》的热播，董卿再度成为红人。这档节目也成了文化界的一股“清流”。

有一句话说得好：“女人的魅力不在年龄，不在美貌，而在于她气定神闲地微笑、宠辱不惊的淡定、风过无痕的从容。”

现在的人都太过在乎外貌，不是说外表不重要，但是更要懂得内外兼修。容颜会随着时光的流逝慢慢衰老，唯有才情越是沉淀越是香醇。

董卿在主持《中国诗词大会》中张口便来的诗句，足以彰显她深厚的文化底蕴，而这样深厚的文化底蕴来自长年累月的积淀，也正是这一份自律和文化魅力让她站到了大众面前。

02 >>>>

小时候，父亲不许董卿多照镜子，不许她把心思放在穿衣服上。董卿的父亲说：“马铃薯再打扮也是土豆。”

她从七岁就开始用业余时间去打工，到宾馆铺床扫地，到餐厅洗碗，小小的年纪便已体会出生活的不易。

董卿在小时候不能理解父亲，直到长大后才知道父亲的良苦用心。正是这种“狼父”式的教育，才使得董卿知道努力的意义。

董卿从一名默默无闻的电视主持人，到成为央视著名主持人，这期间也遇到过低谷，好在她一直坚持下去，这才成就了今天的她。

善于学习的董卿一直追求完美的事业，并不断提升自己。从普通院校大学到去上戏深造，到去华东师范大学深造，到去上戏读硕士，甚至在最红的时候毅然决然到海外深造。

她每做一次抉择，就会遇见更好的自己。

冰心在《繁星·春水》中写道：“成功的花，人们只惊羡她现时的明艳！然而当初她的芽儿，浸透了奋斗的泪泉，洒遍了牺牲的血雨。”

任何的成功都不是一蹴而就的，很多时候，最终的成功，就在于你再坚持的那一下下。

03 >>>>

朋友璐洁是我们公认的气质型美女，她有着一袭及腰的长发，和高挑的身材。说实话，连我一个女生看了她都会脸红。

2012 年，那时我刚刚认识璐洁，当时觉得她是高冷女神范儿，也不怎么说话。熟识后，发现她是一个幽默的妹子。

璐洁的专业是影视表演，为了学好专业，每天练形体，严格控制自己的体重，不会多吃一口。其实，学表演的女孩子本身底子就不错，但她还是依旧严格要求自己。

与此同时，璐洁热爱读书。每天规定自己读两个小时以上的书，写读书心得，严于律己，日复一日，从不懈怠。

她独爱席慕蓉，席慕蓉的任何一首诗句，她都能信手拈来。在我们的眼里，她真的很优秀，是位才女。她的父母在她很小的时候便致力于提升她的文化修养，经常让她多读书，也会和她一起讨论。

在高中的迎新晚会上，璐洁上台表演，她的容貌和才情引得台下的观众一阵叫好。也开始有男生对她“穷追不舍”，她的父亲知道后，对她更是管教得严厉。

璐洁也曾经埋怨父亲，为什么要这样对她。但她上大学离家前一晚，父亲对她说了很多不曾言说的心里话。她说：“是父亲让我明白只有多读书才能少走弯路，只有拥有更多的能力，人生才会有更多机遇。”

多少慈爱都出于严父，多少抱怨都在没长大的时候，好在人都会长大，都会懂事。

我们时常会羡慕那些容貌姣好、才华出众的人，也嫉妒那些名利双收的人，我们抱怨着这个世界的不公，但忽略了有些人的成功并非偶然。

04 >>>>

小时候不理解为什么自己考了八十分，父母会气急败坏，我们以为父母在意的是分数，其实他们看重的不是用红笔写的八十分或者一百分，而是通过分数透露出的你的努力。

那是我们在为自己的人生做努力。

无论是不懂事时被父母逼迫着的努力，还是长大懂事后的自发努力，真的都挺好的，至少人生一直在前进。

信手拈来的从容，都是厚积薄发的沉淀。

你的气质里藏着你走过的路和读过的书。

董卿说：“我始终相信我读过的所有书都不会白读，它总会在未来日子的某一场合帮助我表现得更加出色。”

所有读过的书、看过的诗、有过的经历，都会写进我们的气质里，藏进我们的灵魂里。

容颜易逝，唯有才情才能打败岁月。

每个人的过往、现在、未来都不会是一帆风顺的，更多时候是我们自己咬着牙走了很长一段不为人知的路。走完这段路，也就豁然开朗了。

内心强大，余生才不会慌张。腹有诗书气自华，多读书，历久弥新，才能回味悠长。

爸妈，对不起，
余生我怕只能照顾好自己

01 >>>>

每一个初出茅庐的少年，在飞出笼子的那一刻都想遨游四方，哪怕摔得遍体鳞伤，哪怕跌得粉身碎骨。

至少年轻，敢闯，人生走一遭，无憾。

毕业第一年，我没有回家，留在一个偌大的城市里，成了一名异乡客。

我把这个决定告诉远在他乡的父母时，双方在电话里展开了激烈的争吵，最后谁也没有劝服谁，我挂断了电话，一个人在宿舍里整理着七七八八的行李，眼泪止不住地往外冒。

我把全部的行李打包好，一趟一趟地搬下楼，然后坐在路边等出租车。旁边也有一位等出租车的姑娘，她的穿着十分靓丽，她就那样站着，看着自己身后的爹妈把一箱又一箱的东西搬上车，然后他们一家三口关上车门扬长而去。

我抬头看了眼天空，嗯，很蓝。

那天，我坐在宿舍楼下面的马路边上，一遍又一遍地跟自己说："我回不去了，这里就是我的归宿。"

那时候心里总是暗暗设想："这个繁华的城市啊，终有一天会有我的一席之地。"

终于，我留在了一个用地图来衡量家的远近的地方。这里没有人可以接应我，我也没有亲戚朋友可以投奔。

我什么都没有，除了满腔热情。

我在日记本里写下这样一段话：你现在是一个人，赤手空拳，你要学会的是如何把出人头地的时间缩短。

嗯，这股执拗的劲儿，支撑我度过了一个又一个起早贪黑努力工作的日子。

有时候，执拗真的挺好，可以逼自己去奋发图强。

02 >>>>

我们好像可以想象，很多年轻人在外奋斗的生活都是这样的，一边用力打拼，一边在夹缝中生存。

而在夹缝中生存，从来都不容易。

每天下班坐电梯时，我都不敢直视电梯门，因为我怕看到自己已经花得不成样的妆，虽然站在人群中很尴尬，可我内心还是很开心。

我每一天都企盼在这个无依无靠的城市里站得更稳一点儿。我怕摔倒，为此我只能拼尽全力站稳脚跟。

和我一起合租的姑娘，在我眼里，她的生活更惨。每天天没有亮就出门，下班回来已经晚上十点了，每个月还会被领导安排出一次差，每次回来，都精疲力竭，可老板并没有因为她的努力工作而给她更丰厚的报酬。

工作时间长和入不敷出的开销，至今都是她和妈妈通电话时争吵的爆点。

两人各执己见，互不相让。

天下所有父母与子女的对话，听起来总是大同小异的。

他们总希望我们能拥有最起码的稳定，可我们，总是不安分地想要寻求更多。

所以，两代人常常会谈崩。

我们也总是喜欢用“冷战”来宣誓自己的立场和决心，以此来等待对方的服软。

我在她好不容易轮休时，拉她出去散了个心。街道很宽，旁边是鳞次栉比的高楼大厦。

那时我俩站在霓虹闪烁的大街上，像极了这个城市的“异乡人”。走着走着，室友就哭了，哭到不行，回去给她妈妈打了个电话，断断续续地哽咽着，直到哭得眼睛肿得第二天再也无法见人。

人的情感有时候很神奇，像被堤坝拦住的河水，要么滴水不漏，一旦被划出一条缝，就很容易形成决堤之势。

03 >>>>

马洛伊·山多尔在作品《草叶集》中有这么一段话：“你不可能指望这世界出现一个能准确理解你的语言、行为，能准确洞悉并解释你思想的人，你只要知道你真正想要的是什么。”

之前看到网上热议的一条信息，意思大概是：不要大声责骂年轻人，他们会立刻辞职的。

看到这一条信息的时候，我笑了笑，很多人说现在的年轻人都太过于注重自己的个人体验与感受，可他们不懂，现在的年轻人，其实更在乎自己所追求的东西。

不信，你回头看看，那些鳞次栉比的大楼里每晚通宵熬夜的就是这帮年轻人。他们加着最长的班，追赶着最远的梦。

偶尔，发发牢骚。

室友每天都融入这座城市晚上十点以后的夜色，但她也只会在回到住处后皱着眉跟我说一句“太累了”，接着日复一日地过着她的生活。

她想融入这座城市，就像她想融入这个社会、这个时代一样，没有狡辩，没有抱怨，是心甘情愿的坚定。

每次带着疲累的身体躺在床上的时候，我总是会想家，尤其是和爹妈打电话的时候，我总是要思考很久才能找到这个城市让我拼命的理由。

后来，习惯了。

习惯了这个城市的车水马龙，习惯了领导在下班前布置任务，习惯了早起晚睡，更习惯了这样努力拼命的自己。

嗯，习惯，真好。

04 >>>>

二十几岁，满脸胶原蛋白的年纪，有底气，有傻气，我不知道自己能吃多少苦，但能苦尽甘来，我愿意吃苦。

回家一次，母亲便拉着我的手语重心长念叨一次，话题无一例外从工作聊到生活，从一个人聊到结婚生孩子。

到了年纪，我觉得别人衡量你是否幸福的标准是：是否拥有一份好工作，是否嫁了一个好伴侣。

而我在旁人眼里，两者兼无，实苦。

可是人生不就该尝试着去走一走自己想走的路吗？我们这么努力地工作学习，不就是想成为自己喜欢的样子，过自己想要的生活吗？

我从不甘愿过别人眼里的生活，所以我愿意继续苦着过自己的日子，至少我心里开心。

之前在某个平台上看到过这样一条信息：最遗憾的，莫过于清楚自己渴望得到什么，可又不付诸实际行动。未曾想过自己的努力，可以换回很多机会。机遇是自己创造的。等待，只是为自己寻找止步的理由。不忘初心，方得始终。

底下有一条评论：很多人总喜欢说四个字，就是“顺其自然”，但他们往往忘了这四个字后面还跟了一句“争其必然”。任何机会，都是主动争取来的。

我不想顺其自然，我想主动争取，争取我想要的生活，成为我想要成为的样子，哪怕花尽余生所有的力气。

05 >>>>

无论你正处于哪一阶段，身在何处，生活终会变得越来越清晰，慢慢向我们显露柴米油盐最真实的一面，但人生就是这样啊，即使眼前是一地鸡毛，可心中仍然向往着诗和远方。

生活的滋味，酸甜苦辣咸；人生的色彩，赤橙黄绿青蓝紫。

你想过几分的人生，就花几分的力气去实现。

你想过得更幸福，就让自己开足马力去努力。

你一直活得那么懂事，
大概也很累吧

小时候摔一跤先看看周围有没有人，有人就哭，没人就爬起来。再后来，摔了一跤，不管有没有人，都会自己爬起来。

因为明白人生那么长，摔跤的机会那么多，没人能一直来安慰你，所以你也只能披荆斩棘，成为自己的骑士。

01 >>>>

上幼儿园前，妈妈带着你去商场买新衣服。小小的你站在镜子前，营业员阿姨一个劲夸你可爱、聪明，把一件件新衣裳摆在你面前让你挑，你摸摸这件又摸摸那件，始终做不了决定。

你眨巴眨巴眼睛，腼腆地笑笑，小手紧紧攥着妈妈的衣角。其实你看中了一条粉色芭比裙子，刚想开口却看到她拿起了一条涤纶裤，她熟练地询问价格，你握了握小拳头最终还是没有说出口。

她牵起你的手走出商店时，你身上已经穿上了她为你“精心挑选”的衣服。她问你喜不喜欢，你开心地点点头，眼睛的余光却瞥到了挂在高处的那件粉色芭比裙。

开学第一天，你穿着这身新衣服去见了你的新同学和新老师，你发现班里的女生大都穿着漂亮的裙子，粉的、黄的、红的，好不耀眼。

你默默地找了一个不起眼的位置坐下，那一天，老师没有夸你，你也没有交到一个朋友，而那个穿着漂亮裙子的女孩子，一整天都被其他小朋友围着。

你不明白为什么一件漂亮的衣服能拥有这么大的魔力，虽然你没再说出口，但心里仍然惦记着那条没有买的粉色芭比裙，它成了你小小的心事。

02 >>>>

上小学后，爸妈不再早晚接送你，你像一个小大人一样每天背着书包上下学。同班的家长经过你的时候想要顺便带上你，你看着车里的同学向旁边挪了挪座位，你犹豫着要不要上车，这时你想起饭桌前爸爸对你说：“要学会独立，以后自己上下学。”

于是你客气地说了声谢谢，委婉地拒绝了，背着书包向前跑了几步，到拐角才停。

你上学迟到，低着头站在教室门口，老师让你进来坐下。课后，你听见老师在给爸爸打电话，那天你心神恍惚了很久。回家后，你的床头多了新买的闹钟，起床时间是早上六点，从此你再也没有睡过头。

放学遇到下雨，是让你觉得最无奈的事情。同班的同学一个一个都被父母接走了，唯独剩下了你，你望着窗外，不知雨何时能停。看着外面逐渐亮起的街灯，你想起外出打工的父母和已经年迈的爷爷奶奶。

你心酸地摇摇头，继续刷着笔下的试题，陪伴你的只有头顶一盏明晃晃的白炽灯和桌旁整齐的课本。

于是那些年里，你被天气预报骗了很多次，也忘带了很多次伞。你淋过很多的雨，一些雨带来的寒气在姜汤里被化解了，一些雨让你发了烧感了冒。但你明白即使这样，日后还会有很多路要自己走，路上还有很多雨要淋。

03 >>>>

上初中后，老师微笑着告诉家长，除了正常的课程以外，还有不少大大小小的竞赛可以为中考保驾护航。于是爸妈给你涨了零花钱，让你多买一些课外辅导书。你听话地接过他们手中的钱，也听话地接过他们的嘱咐。

那年竞赛，你得了第一名。站在领奖台上时，老师、同学、家长都在使劲地为你鼓掌，你看着手中金光闪闪的奖杯，想起了无数个为它奋战的夜晚，想起那些静静躺在抽屉里的试题卷和草稿本，你眼睛酸酸的，想不起有多久没有睡个好觉了。但为了中考时那额外的三分和父母眼中的期望，你认为很值得。

你顺利考上了理想的高中，每天按部就班地上课、吃饭、写作业。日子不紧不慢地过去了，直到高三。进入高三后，你发现每一个人都变得争分夺秒，你也变得神经紧绷。在老师和家长再三重申高考的重要性后，你终于放下了杂念，一切以高考为重。

有时候你仍然想起书包里的那一封情书，那一封你准备了很久、写满了心思的情书。那封信，你反复地看，反复地改，直到里面的每字每句都承载了你想要表达的心意后，你用带花的纸一字一句重新抄写，再装进飘香的信封里。

高考结束那天，你除了激动以外还有悸动，当你小心翼翼地捧着信去找他时，看到的是他牵起另一个人的手的画面。于是你所有的爱意都堵在了喉咙口，你望着他们拥抱的身影，默默地把信撕掉，顺手扔在了后门口的垃圾箱里。

最后，你青春里唯一的一次悸动也随着那次的毕业散在了时光里。

04 ＞＞＞＞

你终于过上了令人羡慕的大学生活，只不过父母对你所读的专业不太满意。你开始奔走在各个社团，有空时你也会拎着电脑去图书馆，一待就是一下午，有时你看一本书，有时你听一首歌，日子充满了新意。但你仍旧不敢懈怠，该看的书必看，该交的作业也从不拖欠。

就这样，科科优秀的你拿满了四年的奖学金，顺利地毕业了。毕业那天，新生群被解散了，大学四年的那一群人也解散了。

大家拍拍肩膀，互相说着珍重，从此天南地北各自发展，什么时候可以再相聚，你也不知道。

你拎着箱子离开宿舍楼时，抱了抱室友。回顾四年，东西剩了一堆，但是能带走的，除了手上拎的箱子，也只有那一箱又一箱的书了。站在十字路口，你开始踌躇不定，是选择留下来还是选择回去。

几经挣扎，你终于下定决心要留在这个城市打拼，想想又免不了要和父母争论几番，你勉强扯出一丝笑意，告诉自己要撑住，即使是万丈深渊，下去，才会鹏程万里。

你在一家不大不小的公司工作，领导、同事对你都很好，但是你总感觉缺少了些什么。这半年里，你仍然淋过雨，也会发烧感冒，同事对你嘘寒问暖，你心生感激。

下班后，你在路边的小摊上买了一份晚饭，回到宿舍就着隔夜的下饭菜吃完了，洗漱完以后躺在床上。你迷茫地想我为什么会在这里，有时候你有答案，有时候又想不出答案，但是你第二天依旧会去上班，依旧会努力，依旧会微笑。

有时为了赶计划，你加班到深夜，关掉公司最后一盏灯时，你很累也很骄傲，这一天终于又圆满地结束了。

下班的路口依然有一盏街灯亮着，你望了一眼，想起某首温情的歌，这个城市好像从来都不缺热闹。

05 >>>>

毕业半年，每次回家，你的爸妈照例问你有男朋友了没有。你尴尬地笑笑，快速转移话题，想到日渐攀升的房价，爱情和男朋友好像也成了你生活的奢侈品。临走前，你拍着胸脯告诉爸妈："我一个人也可以！"

其实你也想过爱情，你想起爱情时，脑子浮现的总是那张印花的纸和带着香味的信封。这么久了，你不再关注青春里的那个男生，但是你总会去梦里与他相遇，没谈过恋爱的你却一直拿他作为爱情的标本。

偶尔你也会想起上幼儿园前那件爱而不得的粉色芭比裙，才发现在没有能力之前你错过了很多东西。于是你下定决心，要凭自己的能力，在这个城市里闯出一番天地，哪怕是买一套只有六十平方米的房。

回想，这么多年过去，你终于变成了那个懂事、成熟的模样。望着镜子中的自己，你知道还有很长很长的路要独自走下去，你一遍遍告诉自己，日子撑不下去时就停下来歇一歇，但不要放弃，因为能陪伴你的只有那个一直坚强、勇敢、了不起的自己。

我不敢走远，
因为父母只有我

我常常很矛盾，你说在这个铺满了铁轨和飞行航线的世界里，我们到底该不该走远？因为父母只有我们，所以，远走也变成了一个残忍的选择。

01 >>>>

躺在床上刷微博的时候，刷到这样一条动态：“父母在，人生尚有来处；父母去，人生只剩归途。”

底下有一条评论让人特别动容：“我吃东西越来越清淡，对待人情世故越来越宽容，不乱发脾气也学会了忍让，慢慢地有了一颗成长的心。也开始害怕听到任何与病痛有关的事，最大的心愿变成了全家人身体健康。”

相比一两年前迫不及待要去看远方的心，我更希望花十分之九的时间在温柔的灯光下和妈妈吃完一餐饭。

现在这个时代和过去最大的不同就是：我们从出生开始就必须是完整的，因为我们之中大多数人都没有兄弟姐妹；我们必须学会承担起很多责任，因为我们的父母只有我们。

我们没有邻居家的大黄狗和青梅竹马的同伴，我们独自一个人闯荡着，学着从不同的地方汲取力量。

你有没有发现，很多时候，我们真的会对人生感到无能为力，生活总是让我们不敢轻易对它做出什么任性的事情。

而这不是因为我们畏惧生活，不是因为我们不能够独当一面，更不是因为我们胆小懦弱。

我所有的理智和感性都在告诉我，我有更巨大的责任需要去承担，我不能任性，我也不害怕这个世界上所有能带来恐惧的东西。

今年的春节对我来说意义很重大，因为我完成了由一名学生至一名社会人士的角色转变。

角色转变带给我最深的体会就是，我从一个汲取者变成了一个给予者。

当我给父母打第一笔钱的时候，我突然明白，生命的另一个阶段已经开始了。这种感觉非常好。这意味着，在往后的岁月里，我会成为他们的依靠。

古语说：羊有跪乳之恩，鸦有反哺之义。

我暗暗发誓，这辈子，一定要让爸妈过上更好的日子。

02 >>>>

我们这个时代，绝大部分的孩子都是家里的独子。而独生子女意味着，你就是这个家庭的全部。

你有没有觉得，在我们还年幼的时候，并不认为独生子女有什么不好的地方。抽屉里的那本独生子女证，早些年还可以换取一些福利。

但是，随着年龄越来越大，这个词语似乎越来越让人感到恐惧。“独生”，这两个字意味着这个孩子是家庭的全部，他要背负来自父母的期望，来自外公外婆爷爷奶奶的宠爱，还有外界对于独子教育的闲言碎语。

身为独生子女的我们，到底该不该远走？

我有一个朋友，这么多年一直和母亲相依为命。

她说，她几乎不能想象留妈妈独自一人在家，自己出去打拼，妈妈会是怎样的心情。她告诉我，从小到大，因为只有她一个人，她已经习惯了和妈妈商量着生活，相互扶持着前进，成为彼此的精神支柱。

所以无论自己去哪里，什么时候回家，她都会在到达目的地的第一时间给妈妈打电话，报平安，好让妈妈能够安然入睡。从小到大，见过了母亲为自己辛苦打拼的所有样子后，她发誓：这辈子，一定要陪在母亲身边，让她能够安享晚年。

陪伴，是最好的孝道，她一直不敢走远，围绕着母亲努力奋斗。

此外，身边还有一些这样的朋友，父母算不上年迈，也还有能力照顾好自己，却无论如何都要求孩子回到家乡工作。

于是在金钱和精神的双重压迫下，有一半以上的人选择了遵从父母的意见，三分之一的人选择在临近家乡的大城市工作，方便周末常回家看看父母。其中一小部分的人，不顾及父母的意愿选择了远走他乡。

无论哪一种，都是我们做出的选择，最后的结果由我们自己承担。而我也非常认真地想过，这些选择里根本没有两全，必然要有一方抱憾的。所以即便做出了极其离谱的选择，造成了极其后悔的局面，都不该听从别人的指手画脚。

我们不敢任性，害怕做出后悔的事情。

03 >>>>

独自在外打拼，思虑再三后，我还是决定打电话告诉父母自己准备回家发展。

电话那一头的父母不敢相信地反复询问："是真的吗?"

当告诉他们我已经在走离职流程的时候，隔着电话屏幕，我好像都能看到他们欣慰的笑容。

然而，我并没有告诉他们，自己正处于升职加薪的阶段。因为我明白，爱不能两全。爱到最后，我还是放弃了一些机会，舍弃了部分梦想。

是的，任何一种选择都是自己的选择。无论选择哪一种，都会带来存有遗憾的结果。独生子女可能真的很艰难，我们害怕父母生病无人照顾，害怕他们被欺凌无人保护，害怕养育之恩无以回报，却也害怕梦想刚萌芽就被扼杀。

人生没有两全，选择这个就会失去那个。

是啊，世上哪有所谓的两全选择?

你去追求事业上的成就，就必然会失去很多和父母相处的时间，你就必然会在未来的某一天感到后悔，后悔为什么当初不留在他们身边好好照顾他们，陪他们一起生活。

相反，如果你从一开始就决定要留在父母身边陪伴他们，而因此失去很多人生机会和实现梦想的可能，你也会感到遗憾，遗憾为什么当初没有出去闯一闯，给父母和自己更好的生活。

04 >>>>

我曾经也非常纠结于这个问题，我也不知道该要怎么选择。甚至到今天，我都不知道哪一种才是更好的那一个。但不可否认的是，我之前辞职，确实是为了能多一点时间回家陪伴自己的父母。我觉得每年回家的次数屈指可数是一件特别可怕的事情。

现在的同事告诉我说："我的爸妈特别想去看一看首都的样子，他们告诉我这个心愿的时候，我就特别想满足他们。所以我决定休年假带父母去北京看一看，走一走。"

其实变老，是一件特别漫长又特别迅速的事情。"嗖"的一下，你就长大了，他们老了，你从仰望他们变成了低头俯视他们。

朋友圈里，有朋友晒出了一年给爸妈的转账记录，有朋友晒出了给爸妈发红包的数额，也有朋友带着爸妈去旅游，晒出了旅游照。

突然意识到，我爱爸妈的那一份心是那么的微不足道。

我总希望我是自由的，是可以自己安排时间的。因为只有这样，我才可以在任何他们需要我，或者我需要他们的时候，回到他们身边。

在我心里，父母真的非常重要。所以我也常常在想，或许人生真的是这样，总是有一些让人两难的选择，哪一个更重要，我们谁也不知道。

电视剧里总有这样的强人，能够有条不紊地实现自己的人生计划，又能事无巨细地照顾到家人。其实，这样的生活在现实社会里是很难实现的。

所谓的两全，不过是互相做出牺牲。选择了用最中肯的生活方式度过这潦草而认真的一生，是成全了别人口中的自我而放弃遥远的梦想的一生。两全就是两段互不周全的人生。

不过值得松一口气的是，人生向来无法周全。我们总得用相同甚至更大的代价去换取所需。

天很冷，
我在等一碗故乡的阳春面

一个人在异地，最怀念的是家乡的味道。

这味道里，是不舍，是怀念，是人情，是回忆，还有着一份不为人知的对家人的亏欠。

01 >>>>

家乡的面和人一样是劲道的。

一把细面，半碗高汤，一杯清水，两勺猪油，一勺秘制的酱油，烫上两棵挺括脆爽的小白菜。

吃上一碗，身上的凉意尽退。

然而，离家的人是吃不到故乡的味道的。即使有，也不免夹带着一个城市的浮躁与繁华。所有事物在与利益挂钩的那一瞬间，就已经失去了它原本的意义。这便是离乡旅人的无奈。

在这冰凉如水的深夜，桌上的收音机静唱着一首李荣浩的《老街》，偶尔飘来的几句歌词，让人忍不住想起家乡最原本的模样来：

一张褪色的照片，好像带给我一点点怀念。巷尾老爷爷卖的热汤面，味道弥漫过旧旧的后院。流浪猫睡熟在摇晃秋千，夕阳照了一遍他眯着眼。

爷爷依着巷口而坐，在夕阳下抽着旱烟，旁边匍匐着一条短脚小狗，一个人一只狗一个深不见底的巷口。

爷爷和狗经常这样等上半日，等我放学。

奶奶则在屋里纳着鞋底，等我放学归来，接过我的书包，然后给我送上一碗刚煮好的阳春面。

“奶奶知道你饿了，趁热吃。”

小时候，每次面对奶奶端出的阳春面，我总是会一口气连汤底都喝掉。

02 >>>>

爸妈带我离开那条老巷的时候，老家的烟囱里正冒着烟，我想那正是奶奶给我煮的阳春面。

奶奶说：“那是每一个离家的孩子都会想念的味道，你爸每次回来也要吃上一碗我做的阳春面。”

现在已经回不去了，早已流逝的光阴，手里紧攥着的那一张渐渐模糊不清的车票，好像成了回忆的信号。

忘不掉的是什么我也不知道，或许是奶奶教我做人要像做面一样，要劲道；或许是奶奶那碗拿捏准时的阳春面里，盛满了对我的等候和关爱。

这个城市的繁华，让我再也想不起当年的模样。也许那老街的腔调是我童年里最纯真的欢笑，也是我现在最大的悲伤。

老街无言，等着被拆掉。

爷爷奶奶也掉了牙，驼了背。我被父母接走，离开了老街。那条陪爷爷抽旱烟的土狗也已经衰老得奄奄一息。

记忆里那碗热乎乎的阳春面，就这样离我的生活越来越远。

03 >>>>

想在异乡的城市扎根，于是拼命地打拼。

望一望身边灯红酒绿的街，打量着高耸林立的时代大楼，物质的世界却怎么也比不上记忆里那条巷口的安详。

我抬头看了一眼，确定这个城市的风在向南吹。南边，是我记忆里初始的地方。这么多年，我像奶奶说的那样活出了一碗阳春面的劲道。

这个城市，让我发挥着一碗面的劲道。被反复揉捏，生活显出了它该有的样子。

而最初它只是一团面粉啊，经过双手的不断拍打揉捏才拉出了一条条的细长的面线，做成了这碗地地道道的阳春面。

生活也该是这样，经过一双手的反复拍打努力，还原出最纯真、最朴实的样子。这是属于你的生活，是你用双手创造出来的生活啊！

在这个物欲横流的时代里，除了要活出劲道外，还要活出自己最本真的样子。这才实在。

这么多年，这个城市让我感受到的还是——冷。

回头望一眼已经很多年的时间 ，透过手指间看着天，若有机会，我还想回到那条老街，坐在巷口，靠在你们身边。

天很冷，我在等一碗故乡的阳春面。